Muppidi Venkata Sudhakar

Conceção de sistemas de fibra ótica utilizando filtros ópticos

Muppidi Venkata Sudhakar

Conceção de sistemas de fibra ótica utilizando filtros ópticos

ScienciaScripts

Imprint
Any brand names and product names mentioned in this book are subject to trademark, brand or patent protection and are trademarks or registered trademarks of their respective holders. The use of brand names, product names, common names, trade names, product descriptions etc. even without a particular marking in this work is in no way to be construed to mean that such names may be regarded as unrestricted in respect of trademark and brand protection legislation and could thus be used by anyone.

Cover image: www.ingimage.com

This book is a translation from the original published under ISBN 978-620-2-02320-7.

Publisher:
Sciencia Scripts
is a trademark of
Dodo Books Indian Ocean Ltd. and OmniScriptum S.R.L publishing group

120 High Road, East Finchley, London, N2 9ED, United Kingdom
Str. Armeneasca 28/1, office 1, Chisinau MD-2012, Republic of Moldova, Europe
Printed at: see last page
ISBN: 978-620-8-03144-2

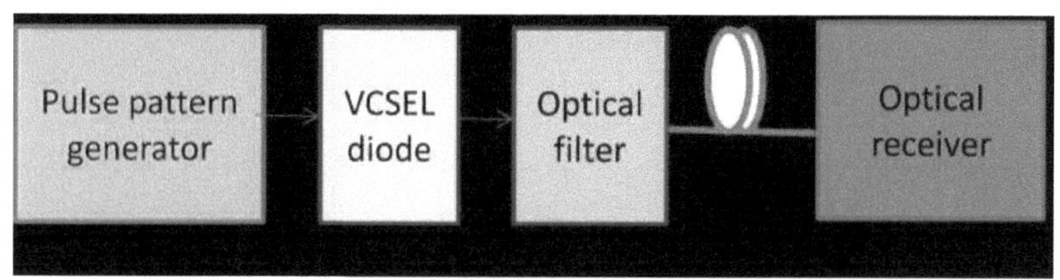

Conceção de sistemas de fibra ótica utilizando filtros ópticos para aumentar a distância de transmissão

Dr. M. Venkata Sudhakar, Ph.D, Professor,

Departamento de Engenharia Eletrónica e de Comunicações, Faculdade de Engenharia Lakireddy Bali Reddy, Universidade JNTUK, Kakinada, Andhra Pradesh, Índia.

SOBRE O AUTOR

O Dr. M.VENKATA SUDHAKAR concluiu o seu doutoramento em Filosofia (Ph.D.) na Universidade Tecnológica Jawaharlal Nehru de Kakinada (JNTUK) em 2016. Atualmente, trabalha como professor no departamento de Engenharia Eletrónica e de Comunicações da Faculdade de Engenharia Lakireddy Bali Reddy, JNTUK, Andhra Pradesh, Índia. A sua especialização é em comunicações por fibra ótica. Tem mais de 13 anos de experiência em ensino e investigação. Publicou mais de 25 artigos técnicos em revistas e conferências nacionais e internacionais. Orientou muitos projectos B.Tech e M.Tech na área da comunicação e processamento de sinais.

O OBJECTIVO DESTE TRABALHO DE INVESTIGAÇÃO

O objetivo deste trabalho de investigação é melhorar a distância de transmissão de esquemas de comunicação em fibra ótica baseados em laser de emissão superficial de cavidade vertical à taxa de dados de 10 Gb/s, controlando a quirpagem do laser. Isto pode ser conseguido utilizando esquemas de filtragem ótica, esquema de interferómetro Mach-Zehnder com filtro ótico e esquema de pré-ênfase com filtros ópticos na conceção dos sistemas ópticos.

ÍNDICE DE CONTEÚDOS

LISTA DE ABREVIATURAS

APD	Avalanche photo-diode
ASE	Amplified spontaneous-emission
BER	Bit-error-rate
CD	Chromatic-dispersion
CW	Continuous wave
DBR	Distributed-Bragg-reflector
DCF	Dispersion-compensation fiber
DEMUX	Demultiplexer
DFB	Distributed-feedback
DML	Directly modulated laser
DMVCSEL	Directly-modulated vertical-cavity-surface-emitting-laser
EA	Electro-absorption
EAM	Electro-absorption modulator
EDC	Electronic-dispersion compensation
EDFA	Erbium-doped fiber amplifier
EML	Electro-absorption modulated laser
ER	Extinction ratio

FBG   Fiber-Bragg Grating

FM   Frequency modulation

FTTH   Fiber to the home

GLPF   Gaussian low-pass filter

IDF   Inverse dispersion fiber

IM   Intensity-modulation

ISI   Inter symbol interference

$LiNbO_3$ Lithium niobate

LPF   Low-pass filter

LR   Long-reach

MZ   Mach-Zehnder

MZI   Mach-Zehnder interferometer

NOF   Narrow optical filtering

NRZ   Non return to zero

OBPF   Optical band-pass filter

OFC   optical fiber communication

OOK   On off keying

PD   Photo detector

PON   Passive optical network

PRBS   Pseudo-random binary sequence

SMF   Single mode fiber

VCSEL   Vertical cavity surface emitting laser

VOA   Variable optical-attenuator

WDM   Wavelength division multiplexing

LISTA DE ABREVIATURAS

T_b : Time-period of the bit.

f : Optical frequency.

f_c : Central-frequency.

Δf_{3dB} : 3 dB bandwidth.

$\Delta\phi$: Phase-shift.

N : Filter order.

T : MZI delay.

k : Coupling coefficient.

s : complex frequency-variable.

I : input of the pre-emphasis section.

O : output of the pre-emphasis section.

X : amplitude coefficients in upper arm of pre-emphasis

circuit.

Y : amplitude coefficients in lower arm of pre-emphasis

circuit.

CAPÍTULO 1
INTRODUÇÃO

1.1 VISÃO GERAL

A importância das fibras ópticas aumentou durante a última década nas redes telefónicas, médicas, de televisão por cabo, comunicações submarinas, monitorização de caminhos-de-ferro, aviões comerciais, distribuição de dados e aplicações de deteção, devido à sua elevada largura de banda, dimensão reduzida, baixa atenuação, elevada segurança e imunidade a interferências.

As redes de transmissão de fibra ótica estão plenamente desenvolvidas, afectando muitos aspectos do nosso modo de vida nos dias de hoje. O acesso à Internet está a expandir-se todos os anos devido ao emprego de sistemas de comunicação ótica para satisfazer as necessidades dos clientes, como o vídeo, quando necessário, a utilização de redes sociais, negócios na Internet, serviços educativos em linha, jogos em linha, papel eletrónico e videochamadas.

As redes ópticas estão agora a ser fortemente concebidas para proporcionar um débito elevado e uma distância de transmissão alargada, dado que os fornecedores de redes têm dificuldade em manter os custos crescentes baixos e, ao mesmo tempo, satisfazer as necessidades dos utilizadores em termos de maior largura de banda [1]. As redes ópticas de longo curso permitem aos operadores de rede fornecer um débito elevado a um grande número de clientes a um custo acessível [2]. As redes ópticas de longo alcance são principalmente adequadas para reduzir os custos de instalação associados aos clientes situados em zonas remotas e rurais. A consolidação das redes de acesso e de metropolitano é necessária com a ajuda das redes ópticas de longo alcance para minimizar o número de elementos de rede [3]. Por conseguinte, as novas soluções de rede são importantes para promover a expansão contínua das redes ópticas de banda larga.

1.2 MOTIVAÇÃO

A distância limitada por dispersão do laser de emissão de superfície com cavidade vertical diretamente modulada (DM-VCSEL) é melhorada através da utilização de compensação de dispersão ótica e eléctrica. A abordagem baseada na compensação da dispersão ótica, como a fibra de dispersão inversa e a fibra de compensação da dispersão, é considerada dispendiosa e introduz perdas de inserção. As desvantagens destes métodos residem no facto de necessitarem de um amplificador para superar as perdas de inserção ou de não serem adequados para atualizar sistemas existentes [4-6]. Os métodos baseados na compensação eletrónica da dispersão aumentam o tamanho e o custo do sistema em comparação com os esquemas de modulação direta [7, 8].

As técnicas de filtragem existentes no emissor não satisfazem os requisitos das redes ópticas de longo curso e têm alguns inconvenientes, como a necessidade de um codificador, o facto de trabalharem com sequências de bits curtas pseudo-aleatórias que não representam os dados reais e a curta distância de transmissão [9-11]. No entanto, estes esquemas de filtragem nos sistemas ópticos actuais revelam-se menos eficientes na compensação da dispersão em redes de acesso de longo alcance.

Foram propostos vários métodos para a realização de redes de acesso. Apesar disso, existem vários problemas de investigação relacionados com dispositivos de transmissão de alta velocidade, conceção de sistemas de baixo custo e redes de transmissão de longo alcance que precisam de ser resolvidos. Assim, a motivação desta investigação reside no emprego de filtros ópticos na unidade transmissora para aumentar a distância de transmissão de sistemas ópticos tolerantes à dispersão de baixo custo.

1.3 DEFINIÇÃO DO PROBLEMA

Os sistemas de transmissão por fibra ótica da próxima geração exigem uma taxa de dados elevada e uma conetividade flexível para satisfazer os requisitos de largura de banda dos clientes a um custo mais baixo. Os DM-VCSEL são uma boa opção para a implementação de um esquema económico de atenuação da dispersão em sistemas ópticos devido ao seu baixo custo. O problema da degradação do sinal em sistemas de fibra ótica monomodo (SMF) com DM-VCSEL deve-se à oscilação da frequência do laser e à dispersão cromática da SMF.

A capacidade de transmissão do DM-VCSEL pode ser melhorada minimizando o alargamento do espetro ótico devido ao chirp do laser. Por conseguinte, são necessárias técnicas de filtragem ótica eficazes para melhorar a distância de transmissão e a taxa de dados alterando as propriedades de chirp do DM-VCSEL para sistemas ópticos emergentes.

1.4 OBJECTIVOS DA INVESTIGAÇÃO

O objetivo deste trabalho de investigação é implementar um sistema de comunicação por fibra ótica (OFC) de longa distância baseado em VCSEL a 10 Gb/s com vários esquemas de filtragem ótica para controlar o chirp do laser. O presente trabalho foi realizado com sucesso na concretização dos seguintes objectivos.

- Desenvolver sistemas OFC com filtros ópticos no transmissor para transmissão de sinais ópticos sem retorno a zero (NRZ).

- Desenvolver sistemas OFC com a combinação de interferómetro Mach-Zehnder e filtros ópticos no transmissor para a transmissão de sinais NRZ.

- Desenvolver sistemas OFC empregando técnicas de filtragem ótica em conjunto com pré-ênfase para transmissão de sinais NRZ.

1.5 CONTRIBUTOS DO TRABALHO DE INVESTIGAÇÃO

Uma contribuição significativa deste trabalho de investigação é o cumprimento dos requisitos do sistema de transmissão de alta velocidade por fibra ótica de longa distância com a ajuda de técnicas de filtragem ótica estreita, interferómetro Mach-Zehnder e esquemas de pré-ênfase.

1.5.1 Transmissor baseado em MZI

É descrito e demonstrado um novo esquema de transmissão utilizando um interferómetro Mach-Zehnder (MZI) para ligações de fibra ótica de longa distância. Isto é conseguido através de um filtro passa-banda ótico combinado com um MZI na saída do VCSEL para a transmissão de sinais a 127 km. Os filtros super-Gaussiano e Butterworth são utilizados como filtros ópticos. Os resultados do esquema MZI são comparados com o esquema de filtragem ótica estreita (NOF). Sem utilizar um amplificador na ligação ótica, consegue-se uma distância de transmissão de 127 km no sistema ótico. O sinal NRZ ótico gerado tem um espetro cinco vezes mais estreito do que o dos esquemas baseados em VCSEL sem filtragem.

1.5.2 Transmissor com técnicas de pré-ênfase

Os métodos de pré-ênfase são utilizados para melhorar as capacidades de atenuação da dispersão do novo esquema de transmissão em redes ópticas de longo curso a 10 Gb/s. A geração e transmissão de um sinal NRZ a partir de um transmissor baseado em VCSEL de 10 Gb/s para uma transmissão sem erros de 160 km é demonstrada em redes de longo curso. A análise do sistema ótico é efectuada para filtros Butterworth e super-Gaussianos.

1.6 ORGANIZAÇÃO DO TRABALHO DE INVESTIGAÇÃO

Os estudos de investigação relativos a este trabalho estão organizados da seguinte forma:

A revisão exaustiva da literatura sobre as abordagens existentes utilizadas para melhorar a distância de transmissão e a taxa de dados de lasers diretamente modulados em comunicações de fibra monomodo é também analisada no capítulo 2.

O princípio de funcionamento do esquema MZI proposto é descrito no capítulo 3. Duas configurações de filtragem para gerar o NRZ ótico são examinadas e comparadas com o esquema NOF.

Os esquemas de pré-ênfase propostos em redes de longo curso são demonstrados no capítulo 4. O desempenho do esquema proposto em redes ópticas de longo curso é comparado com o método NOF. As conclusões e o âmbito futuro do presente trabalho de investigação são apresentados no capítulo 5.

CAPÍTULO 2
REVISÃO DA LITERATURA

Neste capítulo, é analisado o desempenho de vários sistemas ópticos e as suas limitações em termos de redução da dispersão.

No passado, foi efectuada uma quantidade substancial de trabalhos de investigação no domínio das redes ópticas. O estudo da literatura apresenta uma panorâmica pormenorizada das técnicas de compensação da dispersão nas redes ópticas. A revisão da literatura incide principalmente em esquemas de filtragem para transmissores baseados em laser diretamente modulado em sistemas ópticos.

L. Hanlim et al. [12] implementaram um método eficiente utilizando um transmissor baseado num modulador Mach-Zehnder (MZ) que funciona a 10 Gb/s para a transmissão de sinais ópticos de 100 km. As desvantagens deste esquema são as grandes dimensões, o aumento do consumo de energia devido à elevada tensão de acionamento, o custo mais elevado e a necessidade de amplificação antes do lançamento do sinal ótico na fibra. Para ultrapassar esta limitação, o laser modulado por electroabsorção (EML) é a alternativa para um baixo consumo de energia e um sistema menos volumoso.

M . N.Ngo et al. [13] conceberam um sistema ótico a 1,55pm que tem um EML integrado com um amplificador ótico para transmissão a 125 km a 10 Gb/s. Um modulador de electroabsorção e um laser de realimentação distribuída são componentes essenciais do EML. A vantagem desta técnica é a sua compacidade. No entanto, sem um amplificador no sistema, é muito difícil obter uma potência de saída e um rácio de extinção elevados para a transmissão a longa distância. Os sistemas baseados em laser de modulador direto (DML) são uma alternativa de baixo custo para redes de longo alcance.

I. Papagiannakis et al. [14] relataram estudos sobre DML operando a 10 Gb/s e 2,5 Gb/s. Os sistemas ópticos a 2,5 Gb/s foram implementados utilizando o DML para proporcionar um comprimento de transmissão de 200 km. A 10 Gb/s, o alcance do DML está limitado a menos de 20 km sobre SMF devido às suas caraterísticas de chirp. No entanto, a atualização das redes de longa distância de 2,5 Gb/s para 10 Gb/s exige módulos de compensação da dispersão ou compensação eletrónica da dispersão no recetor.

O alargamento do impulso ótico limita a distância de transmissão a uma taxa de dados elevada, pelo que é necessária uma compensação da dispersão para aumentar a distância de transmissão do sistema ótico. As técnicas de compensação da dispersão ótica mais utilizadas são a fibra de dispersão inversa e a fibra de compensação da dispersão.

Kamau Prince et al. [15] demonstraram uma transmissão a uma distância alargada de 100 km sem erros com a ajuda da fibra de dispersão inversa (IDF) no sistema ótico de modulação direta de 1,55 pm. A IDF é uma fibra com um grande coeficiente de dispersão negativa, que é adicionada a uma SMF já existente para eliminar a dispersão devida à SMF. O comprimento da IDF para o cancelamento da dispersão depende do coeficiente de dispersão. O IDF deve ter perdas de inserção mínimas e uma dispersão negativa elevada para diminuir o tamanho do IDF. No entanto, só é adequado para a nova instalação de ligações ópticas, mas não é adequado para a atualização de sistemas existentes.

Bo-ning HU et al. [16] propuseram um sistema de fibra ótica que utiliza uma fibra de compensação da dispersão (DCF) para atenuar a dispersão em redes de comunicações ópticas para a transmissão de sinais a 160 km. Este método permite a compensação da dispersão com a ajuda da DCF, que pode ser utilizada para atenuar os efeitos de dispersão positiva da SMF. No entanto, a DCF é volumosa, de preço elevado, com elevada não linearidade e perda na fibra. A dispersão da fibra é também reduzida utilizando a compensação eletrónica da dispersão (EDC) no emissor ou no recetor, o que, por sua vez, resulta na eliminação da necessidade de DCFs e minimiza o custo do sistema. Além disso, a grelha de fibra de bragg (FBG) é outra solução para a remoção de DCFs.

K. Khairi et al. [17] estudaram a variação de desempenho entre a pós-compensação e a pré-compensação utilizando FBG multicanal chirped (MC-CFBG) como elemento de compensação de dispersão em sistemas ópticos a 10 Gb/s. As FBG foram utilizadas para diminuir os efeitos de dispersão da fibra para a transmissão de sinais ópticos. As caraterísticas do FBG são controladas pelos seus parâmetros para obter um comportamento de canal inverso. Os filtros ópticos FBG baseiam-se principalmente no princípio básico da reflexão de Bragg. A partir dos resultados, os autores revelaram que o MC-CFBG é uma opção alternativa atractiva ao DCF típico, principalmente na configuração de pré-compensação. Os componentes utilizados no módulo de compensação de dispersão aumentam o custo e o tamanho do sistema. Além disso, é necessário um modulador externo que aumenta o custo do sistema. Um dos principais problemas do FBG é que a sua refletividade incorpora lóbulos laterais que restringem a capacidade de transmissão da rede ótica.

X. Zheng et al.[18] apresentaram uma transmissão de sinais ópticos a 10 Gb/s sobre SMF normalizada, utilizando EDC com um simples equalizador de retorno de decisão (DFE) e um equalizador de avanço de alimentação (FFE) no recetor. O EDC na unidade recetora não é um método eficaz para recuperar o sinal ótico; o seu desempenho é degradado devido à perda de informação de fase no lado do recetor. Para ultrapassar esta limitação, é necessária a aplicação de técnicas de EDC no transmissor.

J. Zhao et al. [19] investigaram a estimativa da sequência de máxima verosimilhança (MLSE) para a redução da dispersão cromática em sistemas de fibra ótica de 10 Gb/s. Mostraram que a MLSE é mais robusta para eliminar o ruído. A tolerância à dispersão deste sistema pode ser melhorada aumentando o comprimento da memória do MLSE, o que, por sua vez, aumenta exponencialmente a complexidade do sistema. Por conseguinte, este método não é uma boa escolha para a atenuação da dispersão em redes ópticas de longo curso.

H. Bulow et al. [20] analisaram o desempenho de várias técnicas de equalização eletrónica para a transmissão de sinais ópticos de 10 e 40 Gb/s através de SMF. São aplicados esquemas de processamento de sinal digital para compensar a dispersão cromática em SMF. Embora cada um destes métodos seja realizado sem utilizar a DCF, é necessário operar com uma potência de lançamento mais baixa em comparação com os sistemas ópticos controlados por dispersão para reduzir as deficiências resultantes da não linearidade da fibra.

J.McNicol et al. [21] desenvolveram um transmissor com pré-compensação eletrónica para transmissão sem DCF em redes de longa distância. Neste esquema, a dispersão líquida da fibra é utilizada para calcular um campo elétrico pré-distorcido no transmissor. Este campo calculado é transformado num sinal de modulação analógico. Neste esquema, o modulador externo requer um elevado consumo de energia. Outra desvantagem deste esquema é que o sinal ótico não é recuperado pelo recetor ótico padrão.

A. S. Karar et al. [22] sugeriram o EDC para um sistema ótico de 10,7 Gb/s com um DML. A distorção não linear causada pela modulação direta do laser pode ser reduzida através de uma pré-compensação. Este método emprega uma otimização da tabela de consulta (LUT) na EDC. No entanto, uma grande quantidade de memória é a principal limitação dos sistemas ópticos baseados em LUT e o tamanho da memória é proporcional à magnitude da dispersão.

Em vez dos esquemas EDC discutidos anteriormente, que são baseados no funcionamento analógico do sinal elétrico. A modelação dos impulsos ópticos no transmissor é considerada para melhorar a tolerância à dispersão. Os filtros ópticos são uma boa seleção para a compensação da dispersão sem perda de informação de fase no recetor.

B. W.Liu et al. [23] introduziram um filtro passa-banda sintonizável com duas fibras. A largura de banda e a frequência central deste método são sintonizadas a cerca de 1100 nm, ajustando os diâmetros de curvatura das fibras. Este esquema de filtragem é um dispositivo de baixa perda em linha devido à sua estrutura sólida e de emenda. No entanto, o ajuste da largura de banda do filtro é difícil de efetuar sem recorrer a técnicas complexas de conceção e fabrico, o que o tornará inadequado para aplicação prática.

R .Tao et al. [24] apresentaram um filtro fotónico de micro-ondas que depende de uma cavidade de Fabry-Perot com grelha de fibra (FBG-FP) e de um modulador de fase. O funcionamento do filtro de entalhe sintonizável depende da resposta do FBG-FP para alterar a fase do sinal modulado. O modulador no sistema aumenta o custo. Mas este esquema não é flexível, principalmente devido ao facto de a janela de banda passante associada ao FBG ser mais pequena e fixa. O desempenho do sistema não é garantido quando as caraterísticas do FBG são moderadamente alteradas por efeitos de temperatura.

W. Loedhammacakra et al.[25] propuseram a equalização da dispersão cromática com um filtro passa-tudo ótico paralelo em cascata (Cp-OAPF) para compensar a dispersão numa ligação SMF a 10 Gb/s. No SMF, a dispersão cromática é causada pelo atraso de fase. O Cp-OAPF fornece equalização de fase que inverterá os efeitos do atraso de fase em SMF. No entanto, as capacidades do OAPF têm uma limitação para efetuar uma equalização total, e as duas bandas laterais do impulso ótico têm de ser compensadas para obter um comprimento de transmissão sem repetidor.

S. Matsuo et al [26] fabricaram e demonstraram um transmissor constituído por um filtro ótico e um laser SSG-DBR (super-structure-grating distributed-Bragg-refletor) para sistemas de 20 Gb/s para estabelecer uma transmissão de 60 km. O laser SSG-DBR é utilizado para gerar um sinal modulado em frequência com uma potência ótica constante na sua saída, alterando a tensão de polarização inversa na região de controlo de fase (PC). No entanto, a velocidade de modulação é basicamente limitada pela gama espetral livre (FSR) associada ao laser.

Jie Hyun Lee et al.[27] desenvolveram um laser de cavidade externa (ECL) com filtro de película fina para multiplexagem por divisão de comprimento de onda. A transmissão através de uma SMF standard de 20 km é estudada com modulação direta. Neste método, é utilizado um filtro de película fina para modelar a saída do laser. Mas este método aumenta o custo do sistema e não é adequado para a transmissão a longa distância.

Sliwczynski L et al. [28] estudaram o esquema de gestão da dispersão com o filtro de grelha Bragg para modelação do sinal de saída do DML. Esta técnica não tem qualquer ajuste baseado na dispersão da ligação de fibra em comparação com os esquemas IDF. No entanto, este filtro ótico não foi concebido para uma penalização mínima. Este método é acompanhado por uma curta sequência de bits pseudo-aleatória que não indica os dados reais.

F.Danfeng et al. [29] introduziram um novo esquema de filtragem utilizando um analisador de espetro ótico para aumentar o desempenho do laser Fabry-Perot de modulação direta para a transmissão SMF de 100 km com necessidade de amplificador, mas este método só pode transferir dados a 2,5 Gb/s. É necessário melhorar o sistema para aumentar a taxa de dados para 10 Gb/s.

C. Nicolas et al. [30] investigaram um transmissor com filtragem utilizando um filtro etalon Fabry-Perot e um laser quantum-dash diretamente modulado para conseguir uma transmissão sem erros a 10 Gb/s numa ligação SMF normal. No entanto, a distância de transmissão está limitada a 65 km. Embora seja necessário um reforço adicional destes lasers para diminuir o alargamento do espetro. Este esquema não é capaz de satisfazer os requisitos das redes ópticas de longo alcance.

L.-S. Yan et al. [31] analisaram a filtragem ótica de banda estreita para remodelar o sinal ótico de um laser de retorno distribuído. Ilustraram a transmissão de sinais ópticos de 40 Gb/s numa fibra de dispersão negativa (NDF) de 25 km. No entanto, consideraram ainda que o filtro necessita de uma pequena otimização em várias condições do sistema de fibra ótica. O emprego de NDF é adequado apenas para novas implantações de links.

Q.T. Le et al. [32] propuseram a geração de um sinal de banda ultra-larga utilizando um laser de retorno distribuído e um filtro ótico. A modulação de intensidade (IM) e o chirp adiabático do DML estão fora de fase devido ao efeito de portadora; é utilizado um operador derivado ótico para efetuar a conversão da modulação de frequência em IM. No entanto, a transmissão do sinal ótico em fibra ótica não é considerada nesta análise.

T . Kakitsuka at, al [33] demonstrou uma transmissão de sinal de 40 Gb/s utilizando um laser refletor de fragmento distribuído e um filtro ótico espetral para uma ligação de 20 km. O díodo laser com uma maior frequência de modulação foi introduzido por uma região de fase de poços quânticos múltiplos (MQW). Mas, nesta técnica, quando o comprimento da fibra é superior a 20 km, o padrão de olho fica fechado e também se nota um piso de erro extremo, mesmo com o esquema de filtragem.

Al-Qazwini Z et al. [34] apresentaram um esquema para gerar sinais ópticos de retorno a zero utilizando um DML e um interferómetro de atraso para diminuir a degradação do desempenho resultante da dispersão da fibra a uma taxa de dados de 10 Gb/s. O DML é acionado por um sinal sem retorno a zero codificado por 9B/10B. No entanto, esta abordagem requer codificação e amplificação eletrónica offline no lado do transmissor.

S. Usui et al. [35] propuseram um esquema de transmissão de sinais ópticos de 10 Gb/s sobre um canal composto por uma fibra de 60 km com deslocamento de dispersão e um emulador de dispersão sintonizável (DE). A região SMF no canal é emulada utilizando o DE. Mas, a tolerância à dispersão do transmissor não é clara para efeitos não lineares. A compressão do pulso é reduzida pelo chirp térmico da fonte.

Anandarajah P.M et al. [36] sugeriram o desvio na frequência do laser refletor de fragmentos distribuídos se este for sujeito a modulação direta. A quantidade de desvio, bem como o seu tempo de estabilização, é caracterizada com base no índice de modulação. A melhoria do desempenho é conseguida com o aumento do índice de modulação. No entanto, esta melhoria do desempenho provoca uma grande penalização do desvio de frequência.

X. Q. Jin et al. [37] desenvolveram um esquema de multiplexagem ótica por divisão em frequência ortogonal (ODFM) baseado em FPGA que utiliza a técnica de codificação de modulação em amplitude em quadratura (QAM). A transmissão de um sinal ótico QAM OFDM de 5,25 Gb/s ao longo de 25 km de SMF é conseguida. Mas este esquema aumenta a complexidade do sistema e exige uma pré-amplificação antes da transmissão do sinal para a fibra.

Y . Benlachtar et al. [38] implementaram um transmissor OFDM baseado em FPGA para desenvolver o processamento de sinais digitais (DSP) em tempo real a uma taxa de amostragem de 21,4 Giga amostras por segundo. O modelo de hardware e as principais funções de DSP são discutidos. No entanto, mostram que esta restrição de desempenho resulta da menor resolução do conversor analógico-digital.

A dispersão cromática das fibras e o chirp dos transmissores DML são limitações à distância de transmissão e à taxa de dados nas redes ópticas. São apresentados na literatura vários esquemas de modulação externa para suportar a transmissão sem erros em sistemas OFC. Estes esquemas não são úteis para a transmissão económica de sinais de longo alcance devido ao elevado custo dos seus componentes, ao aumento das suas dimensões e ao consumo excessivo de energia.

Nos actuais sistemas OFC são utilizados vários esquemas de atenuação da dispersão eletrónica e ótica para melhorar a distância limitada de transmissão do DML. Estas abordagens ou aumentam o custo e a complexidade do sistema ou incluem perdas de inserção, para além de exigirem a substituição de cabos. Os métodos de filtragem ótica no transmissor ótico nos actuais sistemas de comunicação ótica de 10 Gb/s são considerados menos eficientes na atenuação da dispersão cromática para uma transmissão rentável a longa distância.

A rápida e global disseminação dos serviços baseados na Internet está a impulsionar a necessidade de redes de elevado débito de dados e de longa distância no futuro. Um desafio significativo para os fornecedores de redes é suportar serviços de Internet de alta velocidade ao menor custo. Esta pesquisa bibliográfica mostra a necessidade de melhorar o desempenho dos métodos de filtragem em ligações ópticas.

As vantagens e desvantagens associadas às abordagens anteriores para a atenuação da dispersão cromática são também analisadas neste capítulo. No capítulo seguinte, são apresentados os métodos propostos de filtragem ótica juntamente com MZI na face de saída do VCSEL para implementar um esquema de transmissão económico em ligações ópticas de longa distância.

CAPÍTULO 3
TRANSMISSOR BASEADO EM VCSEL COM ESQUEMA MZI

No capítulo 2, são revistos os esquemas de modulação ótica e as técnicas de atenuação da dispersão habitualmente utilizadas; estes esquemas não são adequados para a transmissão a longa distância. Neste capítulo, é proposto um esquema de filtragem ótica, juntamente com a técnica do interferómetro Mach-Zehnder, na saída de um laser de emissão superficial de cavidade vertical diretamente modulado, para aumentar o comprimento da ligação para 127 km.

3.1 INTRODUÇÃO

A procura crescente de serviços de redes ópticas de alta velocidade obriga à conceção de um transmissor com gestão da dispersão e elevada taxa de dados. A fibra monomodo (SMF) é adequada para o intercâmbio de dados, voz e vídeo em redes telefónicas de longa distância. Os lasers de emissão superficial de cavidade vertical (VCSEL) destinam-se normalmente a sistemas OC de 10 Gb/s devido à sua relação custo-eficácia e dimensão.

Os VCSELs têm sido propostos como fonte ótica em muitas aplicações diferentes, como ligações ópticas no espaço livre [39], imagiologia ótica [40], deteção [41,42], ligações curtas de elevado débito de dados [43], Ethernet [44], ratos e impressoras [45], rádio sobre fibra [46], espetroscopia [47, 48], backplanes ópticos [49, 50], centros de dados [50], redes locais (LANs) e redes de área metropolitana (MANs) [51].

Os VCSEL são geralmente fontes ópticas económicas que oferecem uma maior largura de banda, completamente sintonizáveis nas bandas C e L. O VCSEL apresenta um grande número de vantagens, tais como uma maior eficiência de acoplamento [52], funcionamento monomodo [53], alta velocidade e menor limiar [54], fiabilidade [55], maior eficiência quântica e potência ótica [56]. As melhorias do VCSEL em comparação com o refletor de bragg distribuído (DBR) e o laser de realimentação distribuída (DFB) são o baixo consumo de energia e o baixo preço devido à sua compacidade [57].

A 10 Gb/s, o alcance atual dos VCSEL de 1550 nm diretamente modulados é de cerca de 10 km [58, 59], o que é certamente inadequado para satisfazer os requisitos da rede de acesso, o que está a impulsionar a investigação no sentido de melhorar o alcance e o desempenho da ligação SMF utilizando abordagens de menor custo.

Existem vários métodos diferentes para reduzir os efeitos da dispersão na SMF para sistemas baseados em VCSEL. Uma das técnicas para reduzir as dimensões e os custos é a remoção da fibra de dispersão inversa (IDF) [60] e dos módulos de compensação da dispersão (DCM) [61]. Os esquemas de compensação eletrónica da dispersão (EDC) [62] e de bloqueio por injeção [63] foram anteriormente utilizados como compensadores de dispersão para aumentar o alcance de um VCSEL de 10 Gb/s. Todos estes métodos aumentam a complexidade e o consumo de energia do sistema de fibra ótica.

O interferómetro Mach-Zehnder (MZI) com filtro ótico é considerado mais vantajoso do que a filtragem ótica no transmissor baseado em VCSEL em sistemas ópticos. O esquema MZI pode minimizar significativamente os efeitos da dispersão na comunicação SMF.

Os dispositivos MZI são utilizados para o processamento de sinais ópticos devido à sua construção simples e ao seu baixo custo. Os MZI têm sido utilizados em diferentes aplicações, como a filtragem de sinais ópticos [64], a compensação da dispersão [65], a filtragem add-drop [66], os sensores, a comutação e os moduladores, a multiplexagem, a intercalação e o corte do espetro [67-71].

A utilização do MZI e do filtro ótico juntamente com um VCSEL diretamente modulado pode ser menos dispendiosa do que outras opções, como o laser CW e o modulador ótico, pelo facto de o preço do MZI ser inferior ao do modulador ótico [72].

O método proposto apresenta uma forma eficaz de alargar a distância limitada pela dispersão do VCSEL sem reduzir a taxa de erro de bits e a sensibilidade do sinal recebido. O VCSEL de modulação direta com um esquema de filtragem simples é uma técnica atraente para reduzir o custo do transmissor na transmissão a longa distância. Este método proposto clarifica o processo de conceção do MZI e a sua utilização em sistemas ópticos emergentes.

3.2 SISTEMA DE TRANSMISSÃO POR FIBRA ÓPTICA

O esquema de filtragem ótica no transmissor numa ligação ótica está representado na Fig. 3.1. O sinal de sequência de bits pseudo-aleatória (PRBS) sem retorno a zero (NRZ) do gerador de impulsos é utilizado para acionar o díodo VCSEL. O chirp VCSEL diretamente modulado interage com a dispersão da SMF, o que leva à expansão da largura dos impulsos transmitidos e restringe a distância de transmissão da ligação SMF.

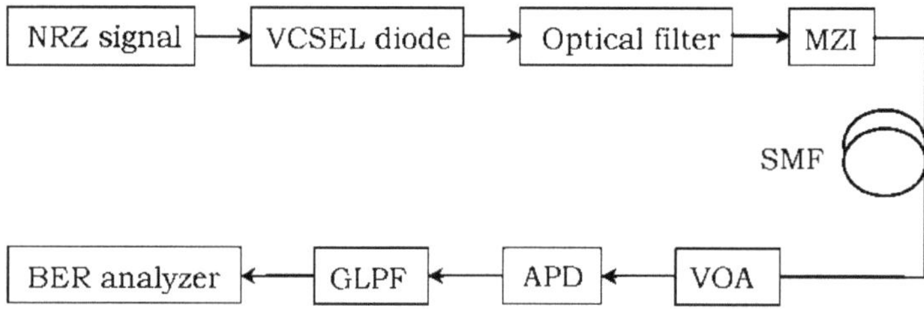

Fig.3.1 Esquema de filtragem ótica com o modelo MZI num sistema ótico. MZI: interferómetro Mach-Zehnder; SMF: fibra monomodo; VOA: atenuador ótico variável; APD: fotodíodo de avalanche; GLPF: filtro passa-baixo gaussiano;

Foram investigados dois esquemas de filtragem; o primeiro método é o OBPF super-Gaussiano juntamente com o MZI e o segundo método é o filtro passa-banda ótico Butterworth (OBPF) juntamente com o MZI. O filtro ótico está localizado na face de saída do VCSEL. Os filtros Butterworth e super-Gaussiano OBPF são utilizados para a adaptação do sinal ótico à saída do VCSEL. A função de transferência ao quadrado do OBPF de Butterworth é dada por [73, 74]

$$|H_b(f)|^2 = \frac{1}{1 + \left(\dfrac{2(f - f_c)}{\Delta f_{3dB}}\right)^{2N}} \tag{3.1}$$

em que H_b (f) é a transmitância Butterworth OBPF, Δf_{3dB} é a largura de banda *de 3 dB* do filtro, N é a ordem do filtro, f é a frequência e f_c é a frequência central do filtro. A transmitância OBPF super-Gaussiana T_g (f) é definida como [75]

$$T_g(f) = \exp\left(-ln(2)\left(\frac{2(f - f_c)}{\Delta f_{3dB}}\right)^{2N}\right) \tag{3.2}$$

O MZI é inserido após o OBPF. O sinal do OBPF passa por um MZI para efetuar a filtragem ótica. A função de transferência do MZI é dada por [76]

$$H_m(f) = \begin{pmatrix} \sqrt{1-k_1} & -j\sqrt{k_1} \\ -j\sqrt{k_1} & \sqrt{1-k_1} \end{pmatrix}\begin{pmatrix} e^{-j2\pi fT} & 0 \\ 0 & 1 \end{pmatrix}\begin{pmatrix} \sqrt{1-k_2} & -j\sqrt{k_2} \\ -j\sqrt{k_2} & \sqrt{1-k_2} \end{pmatrix} \tag{3.3}$$

$H_m(f)$ é a função de transferência do MZI, T é o atraso temporal, k_1 e $k2$ são os coeficientes de acoplamento de dois acopladores. O sinal ótico à saída do MZI é ligado aos 127 km da SMF para propagação do sinal ótico. A forma do sinal ótico na entrada do SMF é determinada pelo atraso inserido no MZI. O atenuador ótico variável (VOA) ajusta a potência do sinal ótico na entrada do recetor para medição do desempenho da taxa de erro de bits (BER). O díodo fotoelétrico de avalanche (APD) é utilizado para a deteção do sinal. O filtro do recetor é utilizado para reduzir o ruído do APD e a saída do filtro é ligada ao analisador BER para observar os resultados.

O princípio de funcionamento do transmissor é ilustrado na Fig. 3.2. O sinal NRZ PRBS é mostrado na Fig. 3.2(a). O perfil de frequência do VCSEL (chirp) é apresentado na Fig. 3.2(b), o chirp adiabático está associado à diferença de frequência entre os níveis de bit de espaço e de marca, enquanto o chirp transitório se deve às transições de bit. O VCSEL está a funcionar muito acima do ponto limite de polarização para eliminar o chirp transitório. O chirp adiabático do VCSEL é de 5 GHz.

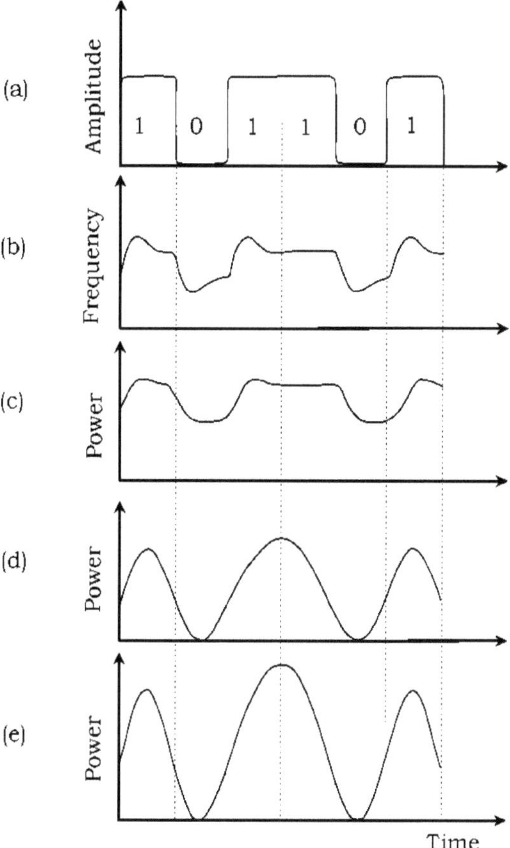

Fig. 3.2 Funcionamento do transmissor baseado em MZI. (a) Sinal NRZ do gerador de impulsos, (b) perfil de frequência do VCSEL (Chirp), (c) potência de saída do díodo VCSEL, (d) potência de saída do OBPF e (e) potência de saída do MZI para a sequência de bits 101101.

O chirp adiabático de $\Delta f = 1/2T_b$ é utilizado para desenvolver a mudança de fase [77] de

$$\Delta\phi = 2\pi \int_0^{T_b} \Delta f(t)dt = 2\pi \times \frac{1}{2T_b} \times T_b = \pi \qquad (3.4)$$

em cada período de bit espacial (T_b). O chirp adiabático e o chirp transitório do VCSEL são controlados através da alteração dos parâmetros do dispositivo laser e da amplitude do sinal de acionamento. As caraterísticas de modulação de frequência do VCSEL são geralmente determinadas pelo chirp adiabático. A potência de saída do VCSEL está representada na Fig. 3.2(c). Como mostra a Fig. 3.2(d), o OBPF modifica o sinal de potência através da conversão de dados modulados em frequência induzida por chirp em dados modulados em amplitude. A função-chave do filtro ótico é utilizada para gerar sinais ópticos sem quirptização, exceto no centro do período de bit espacial, o que resulta numa rápida mudança de fase de % durante a parte intermédia do período de bit "0".

A distância de transmissão e o desempenho do sistema ótico são ainda melhorados com a utilização de um MZI à saída do OBPF. Como se mostra na Fig. 3.2(e), o MZI é utilizado para filtragem ótica e para aumentar a potência de saída do transmissor. Com o método proposto, consegue-se uma filtragem óptima ajustando o atraso e as relações de acoplamento no MZI, juntamente com a largura de banda e a frequência central do OBPF.

3.3 OPTIMIZAÇÃO DOS PARÂMETROS DA LIGAÇÃO

Os efeitos do esquema de filtragem ótica na faceta de saída do laser VCSEL são examinados e analisados quanto à sua influência na capacidade de transmissão da SMF, utilizando o software comercial Matlab. O sinal PRBS NRZ de 10 Gb/s com um comprimento de 2^{23} -1 é gerado por um gerador de impulsos. O modelo VCSEL é utilizado nos cálculos numéricos com os seguintes parâmetros: eficiência de injeção = 1, eficiência quântica = 0,4, tempo de vida dos fotões = 8 ps, coeficiente de ganho diferencial = 1.0 e^{-15} cm^2 , volume da camada ativa = $80e^{-12}$ cm^3 , coeficiente de compressão do ganho = $8e^{-17}$ cm^3 , densidade de portadores na transparência = $1e^{17}$ cm^{-3} , tempo de vida dos portadores = 2 ns, fator de emissão espontânea = $1e^{-6}$, fator de confinamento dos modos = 0,9, fator de aumento da largura da linha = 3,2, corrente de modulação = 8 mA e corrente de polarização = 9,62 mA. A razão de extinção (ER) do VCSEL é de 2,1 dB. As larguras de banda do OBPF Butterworth de quarta ordem e do OBPF superGaussiano de terceira ordem são de 9 e 9,6 GHz, respetivamente, que estão a funcionar a uma frequência central de 193,414 THz. O atraso MZI é fixado em 38 ps e o coeficiente de acoplamento de ambos os acopladores é de 0,5. A SMF utilizada nos cálculos tem os seguintes parâmetros: comprimento de onda = 1550 nm, comprimento = 80 km, atenuação = 0,2 dB/km, dispersão cromática = 16,75 ps/nm/km, índice de refração não linear = $2,6e^{-20}$ m^2 /W, declive de dispersão = 0,075 ps/nm^2 /km e área efectiva do núcleo = 80 pm^2 . A corrente escura e a capacidade de resposta do APD são consideradas como sendo de 10 nA e 1 A/W, respetivamente. A frequência de corte do GLPF é posicionada em 10 GHz e N é 1

3.4 RESULTADOS DA SIMULAÇÃO E DISCUSSÃO

A potência de saída do transmissor com o filtro Butterworth antes e depois da transmissão através do MZI é mostrada na Fig. 3.3. A potência do transmissor com MZI é 3 mW superior à do transmissor sem MZI; os coeficientes de acoplamento e o atraso do MZI são alterados para obter a potência de sinal mais elevada.

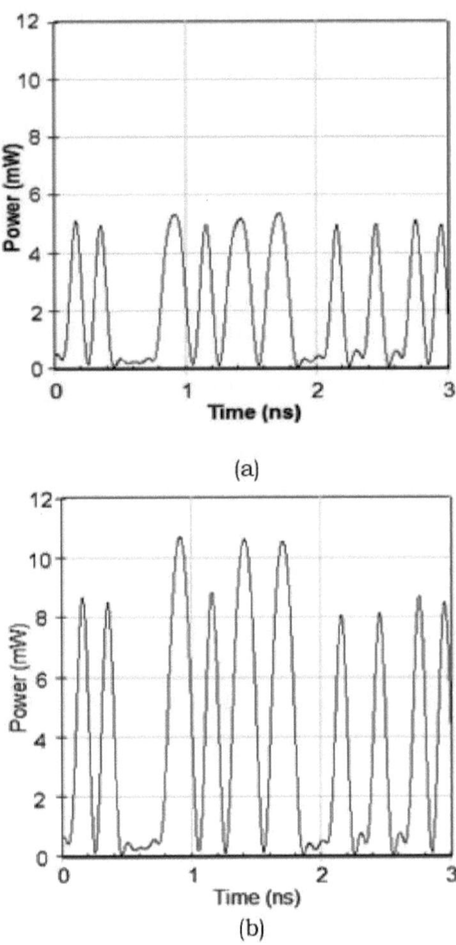

Fig 3.3 Formas de onda de saída do transmissor com filtro Butterworth. (a)

Sem MZI e (b) com MZI para 010100001101011 011000100100101 sequência de bits

O impacto do OBPF super-Gaussiano juntamente com o MZI na adaptação da saída do VCSEL também é examinado; este resultado é muito semelhante ao da saída do MZI que está localizado no OBPF Butterworth, como mostra a Fig. 3.4.

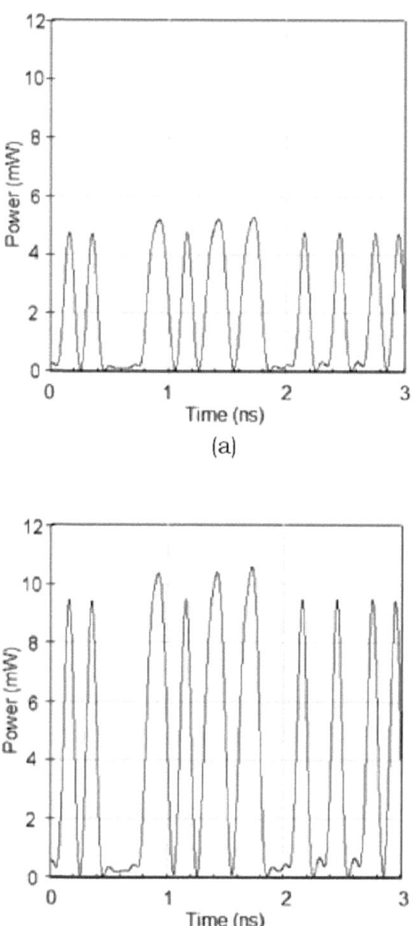

Fig.3.4 Formas de onda de saída do transmissor com filtro super-Gaussiano. (a)

Sem esquema MZI e (b) com esquema MZI para 010100001101011 011000100100101 sequência

de bits

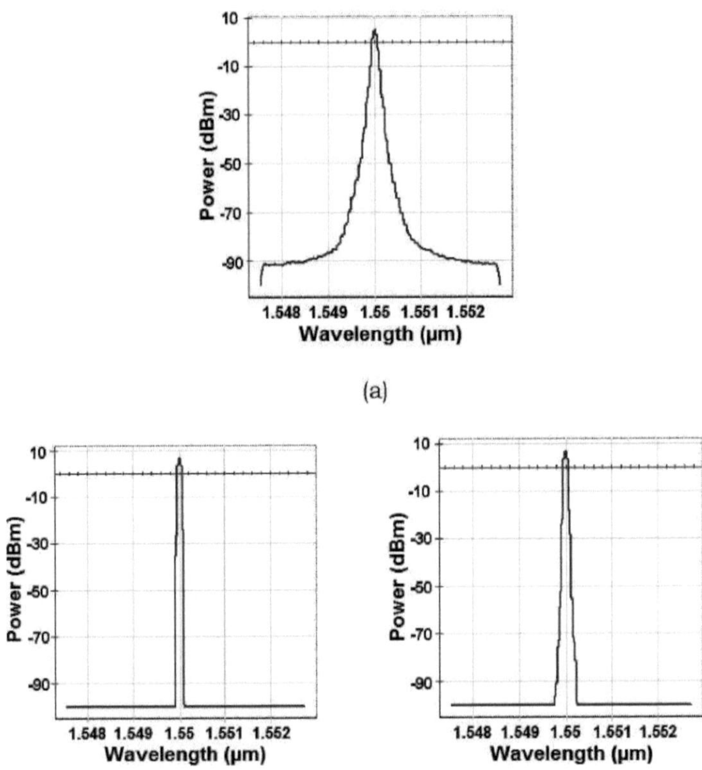

Fig. 3.5 Espectros ópticos do esquema de transmissão. (a) Saída VCSEL, (b) Saída MZI com OBPF super-Gaussiano e (c) Saída MZI com OBPF Butterworth.

Os espectros ópticos do emissor com MZI são apresentados na Fig. 3.5. O analisador de espetro ótico com resolução de 0,08 nm é utilizado para a medição do espetro ótico.

Pode ver-se na Fig. 3.5 que a largura do espetro a -70 dBm para a saída VCSEL, super-Gaussiana juntamente com MZI e Butterworth juntamente com MZI é de 1, 0,2 e 0,3 nm, respetivamente. Os espectros ópticos na saída MZI são muito compactos em comparação com o espetro de saída VCSEL, o que resulta em tolerância à dispersão na SMF.

É demonstrado que a utilização da filtragem ótica permite obter um espetro estreito. O espetro ótico com a aplicação da filtragem é cinco vezes mais estreito do que o sem filtro. O desempenho do sistema proposto é comparado com o esquema de filtragem ótica estreita (NOF)

[78].

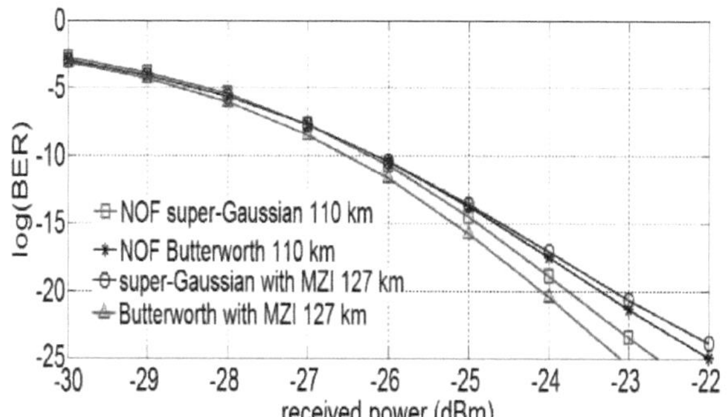

Fig. 3.6 Desempenho BER dos esquemas MZI e NOF

As sensibilidades do recetor são calculadas a uma BER de 10^{-9} para o esquema NOF a 110 km e o transmissor implementado com MZI a 127 km é apresentado na Fig. 3.6. As sensibilidades do super-Gaussiano e do Butterworth em conjunto com o MZI são de -26,5 e -26,8 dBm, respetivamente.

No esquema NOF, as sensibilidades do super-Gaussiano e do Butterworth são de -26,5 e -26,5 dBm, respetivamente. A sensibilidade do esquema adotado é melhorada em 0,3 dBm quando comparada com o esquema NOF devido à técnica de filtragem optimizada. Com a utilização do MZI no transmissor, obtém-se uma maior sensibilidade do recetor após 127 km de SMF devido ao aumento da potência de saída do transmissor.

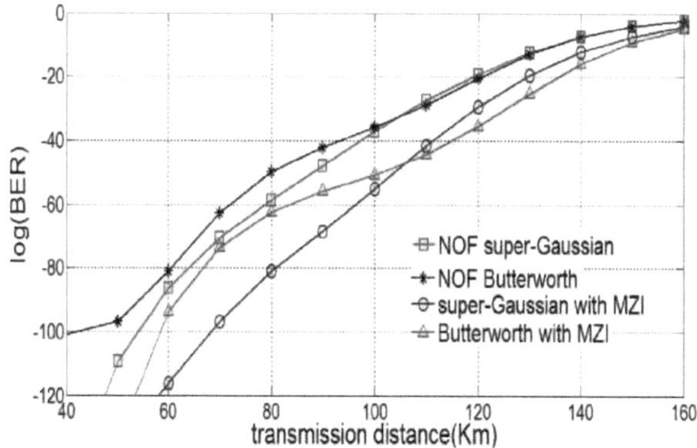

Fig. 3.7 Desempenho BER para vários comprimentos de SMF

A Fig. 3.7 mostra os valores BER para vários comprimentos diferentes de SMF com a abordagem atual e o método baseado em NOF. O valor BER do Butterworth e do super-Gaussiano juntamente com o MZI é superior a 10^{-9} após 148 km de SMF. O valor de BER para o esquema NOF é superior a 10^{-9} após 137 km de SMF. A 110 km de SMF, o desempenho BER do MZI aumenta 1,5 vezes em comparação com o esquema NOF. A melhoria dos valores de BER deve-se à adição do componente MZI ao esquema de filtragem ótica.

3.5 COMPARAÇÃO COM MÉTODOS ANTERIORES

Os parâmetros importantes do esquema MZI em relação a outros métodos anteriores são apresentados na tabela 3.1.

Tabela 3.1. Comparação do esquema MZI com métodos anteriores implementados com VCSEL

Parameter	Butterworth with MZI	super-Gaussian with MZI	NOF [78]	VCSEL [58]	IDF [60]
fiber length (Km)	127	127	110	10	45.4
bit rate (Gb/s)	10	10	10	10	4.25
sensitivity (dBm)	−26.8	−26.5	−26.5	−17.88	−24.5
wavelength (nm)	1550	1550	1550	1550	1550
Laser type	VCSEL	VCSEL	VCSEL	VCSEL	VCSEL
Fiber type	SMF	SMF	SMF	SMF	SMF and IDF

O esquema MZI proporciona uma maior sensibilidade em comparação com o esquema NOF. Embora o MZI e o NOF propostos tenham a mesma taxa de dados de 10 Gb/s, o MZI tem uma distância de transmissão mais longa.

3.5 APLICAÇÕES

O esquema de filtragem proposto com MZI é aplicável às seguintes categorias devido ao seu tamanho reduzido, menor complexidade, baixo custo e consumo de energia:

- As redes de acesso metropolitano e de longo alcance

- Para atualizar a taxa de dados de 4,25 para 10 Gb/s.

- Sistemas de transmissão de chaveamento on-off.

- Transmissão de sinais ópticos tolerantes à dispersão.

- Migração do emissor compacto da transmissão de curta distância para a transmissão de longo curso de elevado desempenho.

- Ligações curtas de elevado débito de dados.

- Redes locais (LANs) e redes de área metropolitana (MANs).

- Redes de fibra até casa (FTTH).

- Redes telefónicas de longa distância.

3.6 CONCLUSÕES

Os actuais sistemas ópticos utilizam moduladores externos para satisfazer os requisitos de longa distância. Estas técnicas não são aplicáveis à conceção de sistemas de fibra ótica de longa distância rentáveis devido ao aumento do custo e da dimensão do sistema.

Neste trabalho, são propostas novas técnicas de filtragem ótica como o MZI com filtro Butterworth e o MZI com filtro super-Gaussiano para a transmissão do sinal ótico em redes ópticas SMF a 10 Gb/s.

O esquema MZI com filtro ótico super-Gaussiano e Butter worth é adotado para aumentar a distância de transmissão do esquema NOF de 10 Gb/s de 110 km para 127 km. A partir dos resultados da simulação, confirma-se que a combinação de OBPF e MZI na saída do VCSEL melhora o desempenho da ligação SMF quando comparada com os métodos anteriores baseados no VCSEL. A transmissão ao longo de 127 km de SMF é efectuada com um BER de 10^{-27} , ilustrando o potencial dos transmissores baseados em VCSEL nas futuras redes ópticas. O sinal ótico filtrado do MZI tem uma melhoria de 0,3 dBm na sensibilidade do recetor em comparação com o esquema NOF.

O MZI é um bom candidato em aplicações reais. A utilização de MZI está a aumentar em resultado da evolução dos circuitos integrados (IC). A configuração do MZI é simples e de baixo custo, e este componente ótico é uma escolha potencial para a próxima geração de sistemas de fibra ótica.

O efeito do esquema de filtragem ótica juntamente com o MZI para uma transmissão sem erros em redes ópticas foi analisado neste capítulo. No próximo capítulo, é apresentada uma abordagem semelhante para melhorar ainda mais a distância de transmissão da ligação de fibra na presença de técnicas de pré-ênfase.

CAPÍTULO 4
ESQUEMA DE PRÉ-ÊNFASE PARA TRANSMISSORES COM VCSEL

No capítulo 3, é apresentado um novo método de compensação da dispersão com a utilização do interferómetro Mach-Zehnder e da filtragem ótica num sistema ótico para a transmissão de sinais ópticos de 127 km. São necessárias abordagens alternativas para minimizar os efeitos de dispersão e aumentar ainda mais o comprimento da ligação ótica. Neste capítulo, são apresentados os esquemas de pré-ênfase para aumentar ainda mais o comprimento de transmissão dos sistemas ópticos.

4.1 INTRODUÇÃO

O desafio mais significativo na implementação de redes de acesso de longo alcance (LR) é a conceção de um transmissor económico. Os VCSEL são uma boa opção para as redes de acesso de longo alcance devido ao seu menor consumo de energia e à sintonização do comprimento de onda. Por conseguinte, os transmissores baseados em VCSEL têm sido utilizados para o desenvolvimento de redes de acesso económicas.

O esquema de pré-ênfase é proposto no transmissor para melhorar a taxa de dados e minimizar a degradação do sinal resultante da SMF e do VCSEL. Os transmissores baseados em VCSEL diretamente modulados são preferidos para minimizar a complexidade e o custo do transmissor. As técnicas de pré-ênfase são atractivas nos sistemas de comunicações ópticas devido às suas propriedades de modelação de impulsos. Com o desenvolvimento de dispositivos electrónicos de alta velocidade e baixo custo, os esquemas de pré-ênfase tornaram-se técnicas pouco dispendiosas para compensar os efeitos de dispersão nos sistemas ópticos. A pré-ênfase é fácil e simples para a implementação de sinais de taxa de dados de 10 Gb/s. Por conseguinte, são propostos métodos de pré-ênfase eléctrica para melhorar as capacidades de atenuação da dispersão do novo esquema de transmissão em redes ópticas de longo curso a 10 Gb/s.

No transmissor, a pré-ênfase é utilizada para modificar o perfil da potência de saída do transmissor. O esquema de pré-ênfase proposto é implementado na entrada do díodo VCSEL. A otimização e o ajuste da pré-ênfase são fáceis para a transmissão a longa distância necessária.

A forma óptima do sinal de pré-ênfase é investigada para redes de sistemas ópticos de longo curso na presença de dispersão e não linearidades. A melhoria do desempenho na transmissão do sinal ótico é conseguida com a aplicação da pré-ênfase na entrada do laser. Esta técnica requer um custo mínimo devido à sua conceção simples no lado do transmissor e é uma solução adequada para a comunicação de sinais ópticos com modulação direta. A pré-ênfase é introduzida e estudada para minimizar os erros de transmissão em sistemas ópticos.

4.2 REDE ÓPTICA DE LONGO CURSO

Os transmissores baseados em VCSEL com um driver de pré-ênfase são utilizados para diminuir a interferência entre símbolos (ISI) em sistemas OFC.

É proposto um esquema de pré-ênfase e de filtragem ótica no transmissor baseado em VCSEL nas redes de acesso para a transmissão de sinais ópticos de 160 km a 10 Gb/s.

4.2.1 Descrição da rede de transporte

Para a transmissão de sinais ópticos de 10 Gb/s, a pré-ênfase no transmissor é necessária para compensar a distorção do sinal ao longo da SMF. O esquema de pré-ênfase proposto está representado na Fig.4.1.

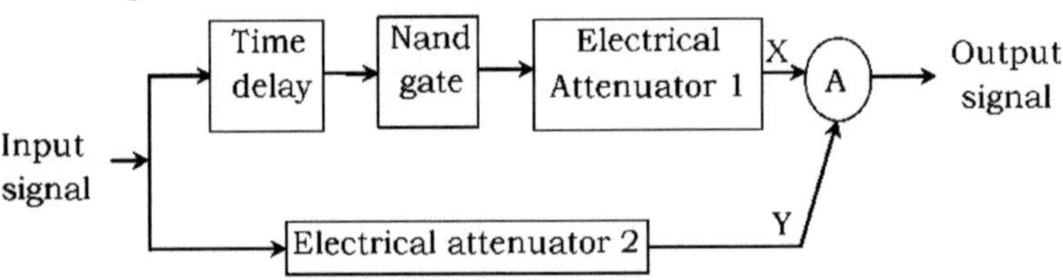

Fig.4.1. Diagrama de blocos do esquema de pré-ênfase. X: sinal primário; Y: sinal secundário; A: somador

O sinal de entrada é dividido em dois caminhos para produzir sinais primários e secundários. É utilizado um componente de atraso para atrasar o sinal de entrada. O sinal de saída do componente de atraso é invertido através da utilização de uma porta NAND eléctrica de duas entradas. O sinal primário é atrasado e invertido em relação ao sinal secundário. O somador gera um sinal de pré-ênfase adicionando o sinal primário e o sinal secundário. As equações no domínio do tempo do esquema de pré-ênfase são dadas por [79]

$$O(t) = Y.I(t) - X.I\left(t - T_d\right) \qquad (4.1)$$

em que T_d é o atraso temporal, I e O são, respetivamente, a entrada e a saída da secção de pré-ênfase, X e Y são os coeficientes de amplitude

A atenuação e o atraso do driver de pré-ênfase são controlados para eliminar os efeitos do chirp do VCSEL na ligação SMF. Assim, a técnica de modelação de impulsos de pré-ênfase é necessária para a transmissão de sinais ópticos de 10 Gb/s.

O diagrama de blocos do sistema ótico com pré-ênfase é apresentado na Fig.4.2   . O sinal NRZ PRBS de 10 Gb/s é gerado por um gerador de impulsos.

O sinal de pré-ênfase é utilizado para acionar o VCSEL. As caraterísticas do chirp do VCSEL limitam fortemente a distância de transmissão do sistema ótico.

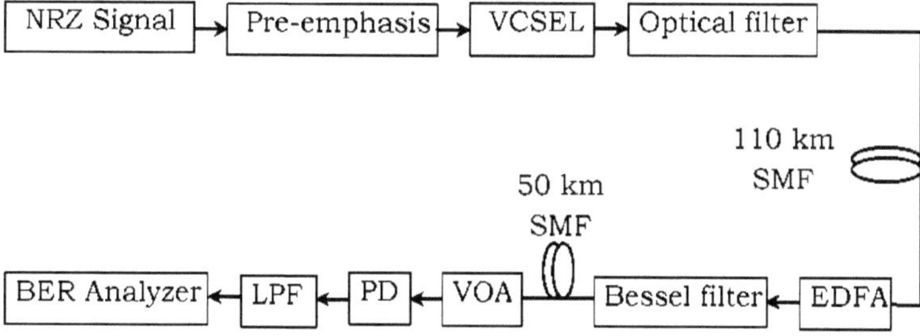

Fig.4.2 Transmissor baseado em VCSEL com pré-ênfase e esquema de filtragem num sistema de transmissão ótica.

Os OBPFs Butterworth e super-Gaussiano são utilizados para filtrar a saída do VCSEL. A integração do filtro ótico com o VCSEL permite a utilização de transmissores ópticos de pequeno formato e é uma boa forma de alargar o alcance do sistema ótico de 10 Gb/s. Um amplificador de fibra dopada com érbio (EDFA) é colocado após 110 km de SMF para aumentar a potência do sinal ótico. Um filtro de Bessel é inserido após o EDFA para remover o ruído de emissão espontânea amplificado (ASE). A função de transferência do filtro de Bessel é definida como [80]

$$H_s(s) = \frac{1}{\sum_{k=0}^{N}\left(\dfrac{(2N-k)!(s)^k}{2^{N-k}\,k!(N-k)!}\right)}$$

(4.2)

em que H_s *(s)* é a transmitância do filtro de Bessel, N é a ordem do filtro e *s* é a variável de frequência complexa. Para examinar a sensibilidade do recetor ótico, o sinal ótico da fibra é atenuado utilizando um atenuador ótico variável (VOA). O sinal ótico após 160 km de SMF é detectado por um foto-detetor de avalanche (PD). É utilizada uma LPF gaussiana para remover o ruído do PD de avalanche. O analisador BER é utilizado para estudar o desempenho do sistema.

A Fig. 4.3 ilustra o princípio de funcionamento do transmissor proposto. O sinal PRBS NRZ do gerador de impulsos é apresentado na Fig. 4.3(a). Os impulsos de pré-ênfase com duração Td em cada transição de bit são gerados utilizando o controlador de pré-ênfase, como se mostra na Fig. 4.3(b). O impulso de pré-ênfase contém picos negativos e positivos; a duração do pico é determinada pelo tempo de atraso do controlador de pré-ênfase. O chirp do VCSEL é mostrado na Fig. 4.3(c). O chirp adiabático do VCSEL é igual a metade da taxa de bits, o que significa que o bit de marca tem um desvio de frequência de 5 GHz em relação ao bit espacial. O chirp adiabático de $A/ = 1/2T_b$ é gerado através da variação dos parâmetros do dispositivo laser e da amplitude do sinal de condução. 5

GHz é gerada a partir do VCSEL para proporcionar uma mudança de fase de % durante o período de bit espacial. O VCSEL é operado com uma corrente de polarização elevada em comparação com o valor limiar para reduzir o chirp transitório. As caraterísticas de modulação de frequência (FM) do VCSEL são determinadas pelo chirp adiabático.

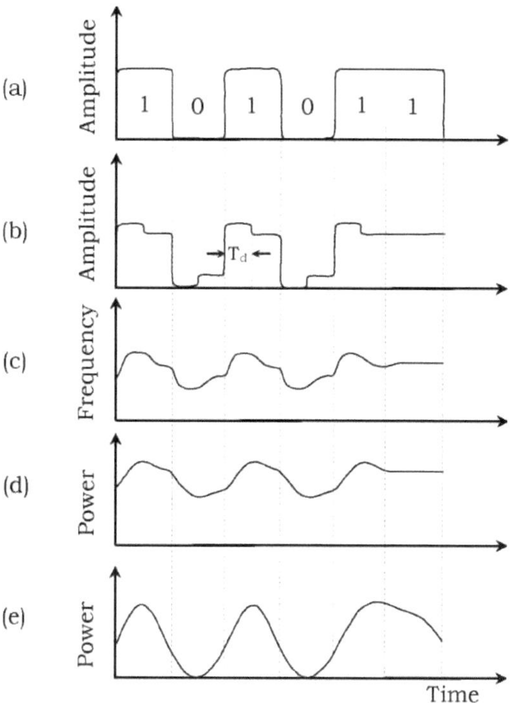

Fig.4.3 Princípio de funcionamento do transmissor. (a) Sinal NRZ, (b) sinal de pré-ênfase para acionar o VCSEL, (c) perfil de frequência (Chirp) do VCSEL, (d) potência ótica na saída do VCSEL e (e) potência de saída do OBPF.

A potência de saída do VCSEL é mostrada na Fig. 4.3(d); o rácio de extinção na saída do VCSEL é de 2,1 dB. O sinal FM induzido por chirp é convertido em sinal modulado em amplitude passando pelo OBPF, como se mostra na Fig. 4.3(e); o rácio de extinção à saída do filtro é melhorado atenuando os bits de espaço e passando os bits de marca.

A principal função do filtro é produzir sinais ópticos sem chirp, exceto na parte central do bit espacial que resulta numa % de mudança de fase rápida durante a parte central do período do bit espacial. Na saída do OBPF, a flutuação de potência entre o bit simples "1" e os bits duplos "1" é minimizada como resultado do driver de pré-ênfase.

4.2.2 Parâmetros de simulação do sistema ótico

O desempenho do sistema de comunicação ótica com esquema de pré-ênfase é analisado utilizando o software Matlab. O atraso do driver de pré-ênfase é de 50 ps. Os sinais primário e secundário da pré-ênfase são atenuados em 23 e 3 dB, respetivamente, antes de serem enviados através do somador. Os parâmetros de simulação do díodo VCSEL, da fibra ótica e do recetor são apresentados no capítulo 3. As larguras de banda do OBPF super gaussiano de segunda ordem e do OBPF Butterworth de quarta ordem são de 10 e 9 GHz, respetivamente, que funcionam com um comprimento de onda central de 1550 nm. A figura de ruído e o ganho do EDFA são de 4 e 20 dB, respetivamente.

4.2.3 Resultados numéricos e discussão

O sinal de potência após 160 km de SMF sem pré-ênfase para o filtro super-Gaussiano e Butterworth é apresentado na Fig. 4.4(a) e na Fig. 4.4(b), respetivamente.

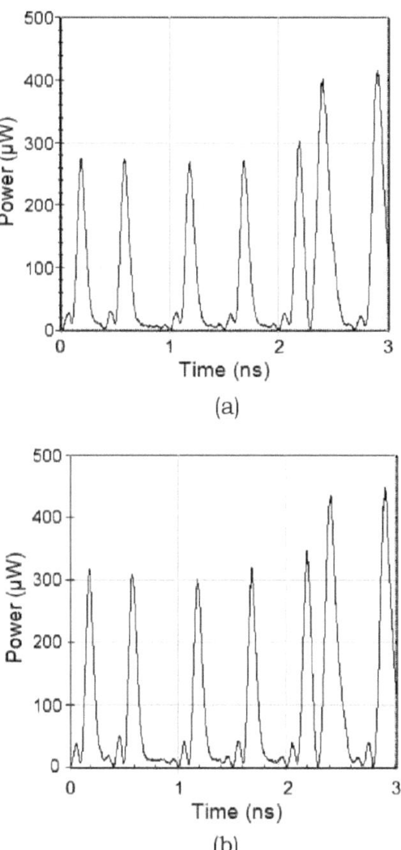

Fig.4.4 Potência de entrada do recetor sem pré-ênfase. (a) filtro super Gaussiano e (b) filtro Butterworth para a sequência de bits 010001000001000010000101100011

É evidente que a potência do bit de marca simples diminui em comparação com a dos bits de marca dupla, o que resulta numa menor abertura do padrão de olho devido à ISI, diminuindo assim o desempenho da ligação ótica. A potência de entrada do recetor com pré-ênfase a 160 km de SMF é mostrada na Fig. 4.5.

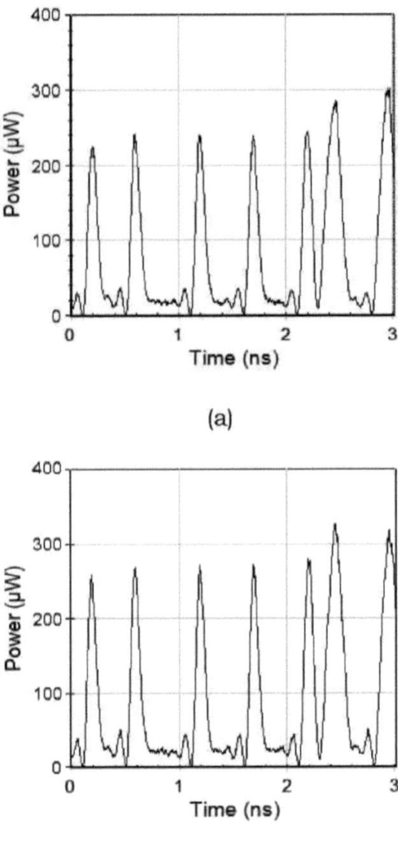

(a)

(b)

Fig.4.5 Potência de entrada do recetor com pré-ênfase. (a) filtro super-Gaussiano e (b) filtro Butterworth para 010001000001000010000101000 sequências de 11 bits.

Com a aplicação do driver de pré-ênfase, a diferença de potência ótica entre o bit de marca simples e os bits de marca dupla é reduzida em 50% em comparação com o transmissor sem pré-ênfase.

A potência de saída do transmissor é variada utilizando a pré-ênfase para diminuir os efeitos das deficiências de transmissão no canal e melhorar o desempenho do sistema. O desempenho da ligação ótica é comparado entre a técnica proposta e o método NOF [78].

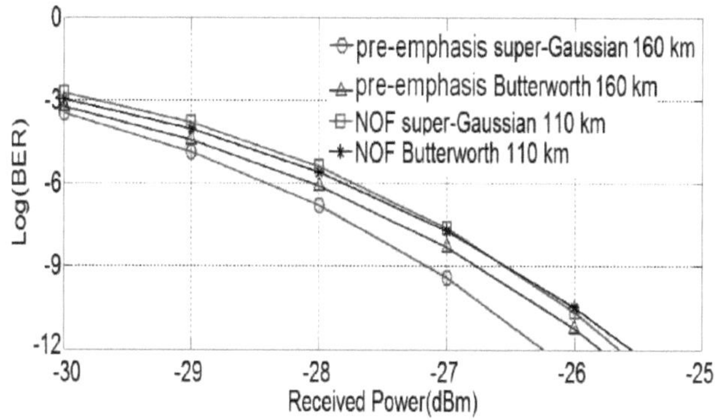

Fig.4.6 Valores BER para a abordagem de pré-ênfase e o método NOF

As sensibilidades do recetor são calculadas a uma BER de 10^{-9} para o esquema de pré-ênfase a 160 km e para o esquema NOF a 110 km, como se mostra na Fig. 4.6. As sensibilidades do recetor do NOF com super-Gaussiano e Butterworth são -26,5 e -26,5 dBm, respetivamente. As sensibilidades da pré-ênfase com super-Gaussiano e Butterworth são de -27,2 e -26,75 dBm, respetivamente. Com o esquema de pré-ênfase, a sensibilidade é aumentada em 0,7 dBm em comparação com o esquema NOF como resultado do sinal de condução da pré-ênfase.

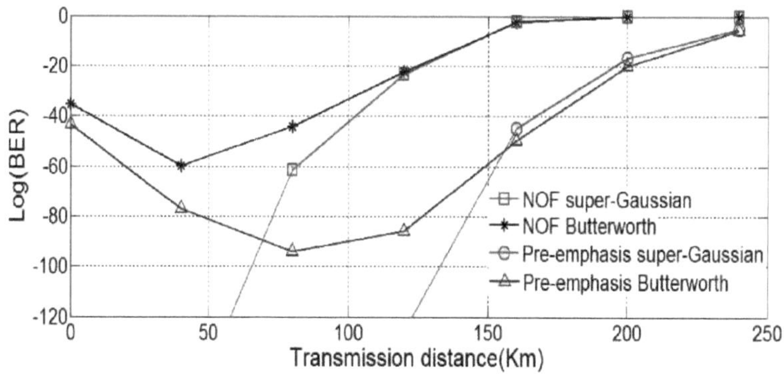

Fig.4.7 Relação entre BER e distância de transmissão para as técnicas NOF e pré-ênfase.

A Fig.4.7 mostra o desempenho da BER ao longo da SMF para diferentes distâncias de transmissão. O desempenho da BER com o esquema de pré-ênfase após 227 km de distância de transmissão é superior a 10^{-9}. O valor da BER para o método NOF é superior a 10^{-9} após 137 km de

SMF. No esquema NOF, o desempenho da BER do sinal recebido diminui após 137 km de SMF devido à flutuação de potência entre os bits adjacentes. A pré-ênfase é implementada através da inclusão de um overshoot na transição do sinal do bit "1" para o bit "0" e vice-versa. O sinal de pré-ênfase tem um efeito na modificação do perfil de potência da saída do transmissor, pelo que, na presença de pré-ênfase, a distância de transmissão do sistema é melhorada em comparação com o esquema NOF.

4.2.4 Comparação de técnicas baseadas em VCSEL

O desempenho do esquema de pré-ênfase é comparado com o de outras abordagens anteriores existentes e está resumido na Tabela 4.1. A abordagem atual tem uma distância de transmissão mais longa e uma sensibilidade mais elevada em comparação com os métodos anteriores.

Tabela 4.1 Comparação do presente trabalho com esquemas anteriores baseados em VCSEL.

parameter	Pre-emphasis with Butterworth	Pre-emphasis with Super-Gaussian	Butterworth with MZI	super-Gaussian with MZI	NOF [78]
bit rate (Gb/s)	10	10	10	10	10
fiber length (km)	160	160	127	127	110
wavelength (nm)	1550	1550	1550	1550	1550
Sensitivity (dBm)	−26.75	−27.2	−26.8	−26.5	−26.5
laser type	VCSEL	VCSEL	VCSEL	VCSEL	VCSEL
fiber type	SMF	SMF	SMF	SMF	SMF

4.3 Conclusões

O esquema de pré-ênfase foi empregue para compensar a degradação do desempenho devido ao chirp do laser em ligações SMF baseadas em VCSEL de 10 Gb/s. A combinação da pré-ênfase e do esquema de filtragem ótica é considerada para a implementação de transmissores económicos tolerantes à dispersão, utilizados para fornecer transmissão de sinais de longo alcance em redes de acesso da próxima geração.

A transmissão de sinais ópticos ao longo de 160 km de SMF a uma taxa de dados de 10 Gb/s em redes de acesso de longo curso é conseguida sem empregar qualquer esquema de gestão da dispersão. A sensibilidade e a distância de transmissão do esquema de longo curso proposto são melhoradas em 0,7 dBm e 50 km, respetivamente, em comparação com o esquema NOF.

Neste capítulo, são apresentados vários esquemas de pré-ênfase para melhorar o desempenho das redes ópticas. As conclusões do trabalho proposto e o âmbito da investigação futura são apresentados no capítulo seguinte.

CAPÍTULO 5
CONCLUSÕES E ÂMBITO FUTURO

5.1 CONCLUSÕES

O desenvolvimento de ligações de fibra ótica de alta velocidade depende da extensão do comprimento da ligação ótica e do aumento da capacidade de transmissão dos sistemas ópticos. Nos sistemas ópticos da próxima geração, o débito de dados está a aumentar para 10 Gb/s, o que exige a implementação de transmissores e receptores de maior velocidade para comunicações de longo alcance.

Este trabalho de investigação destina-se a resolver diferentes problemas de investigação com inovações no transmissor e esquemas de deteção simples para satisfazer os requisitos das redes ópticas de longo alcance. O novo tipo de técnicas de filtragem ótica, MZI e esquema de pré-ênfase são propostos em sistemas ópticos para aplicações de transmissão de sinais ópticos de geração futura. Estas abordagens são potenciais para o desenvolvimento de sistemas de fibra ótica monomodo de longa distância de baixo custo.

No capítulo 1, é apresentada uma panorâmica dos métodos propostos. No capítulo 2, é apresentada uma análise exaustiva das diferentes técnicas de compensação da dispersão.

O princípio de funcionamento e a aplicação dos esquemas MZI propostos são apresentados no capítulo 3. No esquema MZI, são investigados os esquemas de filtragem ótica como o MZI com filtro super-Gaussiano e o MZI com filtro Butterworth para a transmissão de sinais ópticos sem erros através de SMF em redes de acesso ótico a 10 Gb/s. Neste trabalho, é demonstrada e examinada a transmissão do sinal luminoso a 127 km. A partir dos resultados simulados, é indicado que o esquema MZI apresenta um desempenho BER elevado em comparação com o esquema NOF.

A distância restrita por dispersão do VCSEL de 10 Gb/s é melhorada de 110 km para 127 km com uma sensibilidade de -26,5 dBm utilizando o esquema MZI em comparação com os esquemas NOF na ausência de amplificador na ligação; isto mostra que a tolerância à dispersão do esquema MZI é superior à do sistema ótico sem MZI.

O princípio de funcionamento de vários esquemas de pré-ênfase é descrito no capítulo 4. O transmissor baseado no esquema de pré-ênfase é demonstrado e caracterizado em sistemas de comunicação por fibra ótica. A capacidade de mitigação da dispersão do sinal ótico NRZ em redes de acesso com pré-ênfase é investigada.

A técnica de pré-ênfase é aplicada no transmissor do sistema ótico para obter uma transmissão de 160 km do sinal ótico. A partir dos resultados simulados, é demonstrado que a distância de transmissão do esquema de pré-ênfase é aumentada em 50 km em comparação com o esquema NOF numa rede de longo curso.

As caraterísticas especiais destes esquemas são a transmissão económica do sinal de telecomunicações. Por conseguinte, os métodos adoptados nesta tese são simples e proporcionam o melhor desempenho nas redes de acesso de longo alcance emergentes.

5.2 FUTURO ÂMBITO DE TRABALHO

Em trabalhos de investigação futuros, serão utilizados esquemas de filtragem ótica no emissor juntamente com IDFs para diminuir os efeitos de dispersão. Os esquemas de EDC no emissor, juntamente com as técnicas de filtragem ótica, são potenciais para trabalhos futuros para melhorar ainda mais o comprimento da ligação ótica. É necessária a verificação experimental dos resultados simulados, o que indica a direção da investigação futura.

REFERÊNCIAS

[1] D. Breuer, F. Geilhardt, R. Hulsermann, M. Kind, C. Lange, T. Monath, e E. Weis, "Opportunities for next-generation optical access," IEEE Communications Magazine, Vol.49, No.2, 2011, pp.16-24.

[2] Elaine Wong, "Next-Generation Broadband Access Networks and Technologies," Journal Of Lightwave Technology, Vol. 30, No. 4, 2012, pp.597-608.

[3] Burak Kantarci, e Hussein T. Mouftah, "Bandwidth Distribution Solutions for Performance Enhancement in Long-Reach Passive Optical Networks," IEEE Communications Surveys & Tutorials, Vol. 14, No. 3, 2012, pp.714-733.

[4] Cheng X, Wen Y J, Xu Z, Shao X, Wang Y, Yeo Y, "10-Gb/s WDMPON transmission using uncooled, directly modulated free- running 1.55-pm VCSELs," In: proceedings of European Conference on Optical Communication, Brussels, Belgium. 2008, Documento P.6.02.

[5] K. Prince, M. Ma, T. B. Gibbon e I. Tafur Monroy, "Demonstration of 10.7-Gb/s transmission in 50-km PON with Uncooled Free-Running 1550-nm VCSEL," In proceedings of CLEO/QELS, 2010, paper ATuA2.

[6] Marta Beltran, Jesper Bevensee Jensen, Xianbin Yu, Roberto Llorente, Roberto Rodes, Markus Ortsiefer, Christian Neumeyr, e Idelfonso Tafur Monroy, "Performance of a 60-GHz DCM-OFDM and BPSK-Impulse Ultra-Wideband System with Radio- Over-Fiber and Wireless Transmission Employing a Diretly- Modulated VCSEL," IEEE Journal On Selected Areas In Communications, Vol. 29, No. 6, 2011, pp.1295-1303.

[7] Roberto Rodes, Jesper Bevensee Jensen, Darko Zibar, Christian Neumeyr, Enno Roenneberg, Juergen Rosskopf, Markus Ortsiefer e Idelfonso Tafur Monroy, "All-VCSEL based digital coherent detectîon link for multi Gbit/s WDM passive optical networks," Optics Express, Vol. 18, No. 24, 2010, pp.24969 24974.

[8] Sven Loquai, Roman Kruglov, Bernhard Schmauss, C.-A. Bunge,

Florian Winkler, Olaf Ziemann, Engelbert Hartl, e Theodor Kupfer, "Comparison of Modulation Schemes for 10.7 Gb/s Transmission Over Large-Core 1 mm PMMA Polymer Optical Fiber," Journal Of Lightwave Technology, Vol. 31, No. 13, 2013, pp.2170-2176.

[9] T.B. Gibbon, K. Prince, C. Neumeyr, E. Ronneberg, M. Ortsiefer e I. Tafur Monroy , "10 Gb/s 1550 nm VCSEL transmission over 23.6 km Single Mode Fiber with no Dispersion Compensation and no Injection Locking for WDM PONs," OSA/OFC/NFOEC, 2010, paper JThA30.

[10] Zaineb Al-Qazwini, Madhan Thollabandi e Hoon Kim, "1.55gm, 10-Gb/s VCSEL Transmission for Optical Access Networks," 18th OptoElectronics and Communications Conference held jointly with 2013 International Conference on Photonics in Switching (OECC/PS), pp.1-2, 2013.

[11] K. Hasebe, Y. Mada, T. Sakairi, T. Sakaguchi, A. Matsutani e F. Koyama, "High-Speed Optical Modulation based on Frequency- Modulated VCSELs and Optical Filters," IEEE international conference on Indium Phosphide & Related materials, 2009, pp.379-382.

[12] Hanlim Lee, Gyuwoong Lee, Sung Kee Kim, Heewon Cheung, Sangho Kim, Hoon Kim, Seongtaek Hwang, Yunje Oh, Jichai Jeong e Changsup Shim, "Cost-Effective 10-Gb/s Optical Duobinary Transmission Systems Using a Nonbuffered X-Cut LiNbO3 Mach-Zehnder Modulator," IEEE Photonics Technology Letters, Vol. 16, No. 4, 2004, pp.1188-1190.

[13] M. N. Ngo, H. T. Nguyen, C. Gosset, D. Erasme, Q. Deniel, N. Genay, R. Guillamet, N. Lagay, J. Decobert, F. Poingt, e R. Brenot, "ElectroAbsorption Modulated Laser Integrated with a Semiconductor Optical Amplifier for 100-km10 .3 Gb/s Dispersion-Penalty-Free Transmission," Journal Of Lightwave Technology, Vol. 31, No. 2, 2013, pp.232-238.

[14] I. Papagiannakis, C. Xia, D. Klonidis, W. Rosenkranz, A.N. Birbas, e I. Tomkos, "Electronic distortion equalisation by using decision-feedback/feed-forward equaliser for transient and adiabatic chirped directly modulated lasers at 2.5 and 10 Gb/s," IET Optoelectrons, 2009, Vol.

3, No. 1, pp. 18-29.

[15] Kamau Prince, Ming Ma, Timothy B. Gibbon, Christian Neumeyr, Enno Ronneberg, Markus Ortsiefer, e I. Tafur Monroy "Free- Running 1550 nm VCSEL for 10.7 Gb/s Transmission in 99.7 km PON," Journal of Optical Communications and networking, Vol. 3, No. 5, 2011, pp.399-403.

[16] Bo-ning HU, Wang Jing, Wang Wei, e Rui-mei Zhao, "Analysis on Dispersion Compensation with DCF based on Optisystem," 2nd International Conference on Industrial and Information Systems, 10-11 de julho de 2010, pp.40-43.

[17] K. Khairi, et al., "Investigation on the Performance of pre and post Compensation Using Multi Channel CFBG Dispersion Compensators", IEEE International RF and Microwave Conference (RFM 2011), 12th -14th December 2011.

[18] X. Zheng, K. McCallion, D. Mahgerefteh, Y. Matsui, Z. F. Fan, J. Zhou, M. Deutsch e Y. F. Chang, "Performance demonstration of 300-km dispersion uncompensated transmission using tunable chirp-managed laser and EDC integratable into small-form-fator XFP," in Digest of the IEEE/LEOS Summer Topical Meetings, 2008, pp. 225-226.

[19] Jian Zhao, Mary E. McCarthy, Andrew D. Ellis e Paul Gunning, "Chromatic Dispersion Compensation Using Full-Field MaximumLikelihood Sequence Estimation," Journal Of Lightwave Technology, Vol.28, No.7, 2010, pp.1023-1031.

[20] Henning Bulow, Fred Buchali e Axel Klekamp, "Electronic Dispersion Compensation", Journal of light wave technology, vol. 26, n.º 1, 2008.

[21] J.McNicol, M. O'Sullivan, K.Roberts, A.Comeau, D.McGhan, e L.Strawczynski, "Electronic domain compensation of optical dispersion," Optical Fiber Communication Conference, 2005, paper OThJ3.

[22] Abdullah S. Karar, Mauricio Yanez, Ying Jiang, John C. Cartledge, James Harley e Kim Roberts, "Electronic dispersion precompensation for 10.709-Gb/s using a look-up table and a directly modulated laser," Optics Express, Vol.19, No.26, 2011, pp. B81-B89.

[23] B. W. Liu, M. L. Hu, X. H. Fang, Y. F. Li, L. Chai, J. Y. Li, W. Chen, e C. Y. Wang, "Tunable bandpass filter with solid-core photonic bandgap fiber and Bragg fiber," IEEE Photonic Technolology Letters Vol.20, No.8, 2008, pp. 581-583.

[24] R. Tao, X. Feng, Y. Cao, Z. Li, e B . O. Guan, "Tunable filtro de entalhe fotónico de micro-ondas e filtro passa-banda baseado em cavidade fabry-perot de alta birrefringência em fibra de vidro," IEEE Photonic Technolology, vol. 24, No. 20, 2012, pp. 18051808.

[25] Loedhammacakra, Wisit, Wai Pang Ng, R. A. Cryan e Zabih Ghassemlooy. "Eficiência de equalização de comprimento sem repetidor em sistemas de comunicação ótica de 10 Gb/s usando Cp-OAPF." Em Networks and Optical Communications (NOC), 2011 16th European Conference on, pp. 64-67. IEEE, 2011.

[26] S. Matsuo, T. Kakitsuka, T. Segawa, N. Fujiwara, Y. Shibata, H. Oohashi, H. Yasaka, e H. Suzuki, "Alcance de transmissão alargado utilizando filtragem ótica de laser SSG-DBR amplamente sintonizável com modulação de frequência," IEEE photon. Technol. Lett., vol. 20, no. 4, pp. 294-296, Fev. 2008.

[27] Jie Hyun Lee, Seung-Hyun Cho, Kyung Hwan Doo, Seung-II Myong, Jong Hyun Lee e Sang Soo Lee, "CPRI transceiver for mobile front-haul based on wavelength division multiplexing," International Conference on ICT Convergence (ICTC), 2012, pp. 581-582.

[28] Sliwczynski L., krehlik P. "Increasing dispersion tolerance of 10 Gbit/s directly modulated lasers using optical filtering," AEU- International Journal of Electronics and Communications, Vol.64, No.5, 2010, pp.484-488.

[29] Danfeng Fan, Lei Wang, Tingting Yu, Li Zou e Jian-Jun He, "Diret modulation of Deep-submicron Slotted Single Mode FP Laser," Conferência de comunicações e fotónica da Ásia (ACP), 2012, pp.1-3.

[30] Nicolas Chimot, Siddharth Joshi, Francois Lelarge, Alain Accard, Jean-Guy Provost, Florent Franchin, e Helene Debregeas-Sillard, "QDash-Based Diretly Modulated Lasers for

NextGeneration Access Network," IEEE Photonics Technology Letters, Vol. 25, No. 17, 2013, pp.1660-1663.

[31] L.-S. Yan, C. Yu, Y.Wang, T. Luo, L. Paraschis, Y. Shi, e A. E. Willner, "40-Gb/s Transmission Over 25 Km of NegativeDispersion Fiber Using Asymmetric Narrow-Band Filtering of a Commercial Diretly Modulated DFB Laser," Ieee Photonics Technology Letters, Vol. 17, No. 6, 2005, pp.1322-1324.

[32] Q.T. Le, D. Briggmann e F. Kueppers, "Generation of UWB

pulsos utilizando modulação direta de laser semicondutor e filtragem ótica," Electronics Letters,Vol. 49, No. 18, 2013, pp.1171 1173.

[33] T. Kakitsuka , S. Matsuo , T. Segawa , Y. Shibata , Y. Kawaguchi e R. Takahashi "20-km transmission of 40-Gb/ssignal using frequency modulated DBR laser," Proc.Opt. Fiber Commun. Conf., pp.1 -3 2009.

[34] Al-Qazwini Z, Hoon Kim, "Optical RZ transmitter using directly modulated laser driven by NRZ signals," 15th Optoelectronics and Communications Conference (OECE), 2010, pp.280-281.

[35] S.Usui, H.Iwashita e T.Kubo, "Caraterísticas de transmissão de

chirp-managed direct modulation over hybrid link of SMF and DSF," 15thOptoelectronics and Communications Conference (OECC), 2010, pp.298-299.

[36] Anandarajah P.M, Maher R, Barry L.P, Kaszubowska- Anandarajah A,   Connoly   E, FarrellT, McDonald D

"Characterization of Frequency Drift of Sampled-Grating DBR Laser Module Under Diret Modulation," IEEE photonics technology letters, Vol.20, No.2, 2008, pp.72-74.

[37] X.Q. Jin, R.P. Giddings, E. Hugues-Salas e J.M. Tang, "Realtime demonstration of 128-QAM-encoded optical OFDM transmission with a 5.25bit/s/Hz spectral efficiency in simple IMDD systems utilizing directly modulated DFB lasers," Optics Express, Vol. 17, No. 22, 2009, pp.20484-20493.

[38] Yannis Benlachtar, Philip M. Watts, Rachid Bouziane, Peter Milder, Deepak Rangaraj, Anthony Cartolano, Robert Koutsoyannis, James C. Hoe, Markus Puschel, Madeleine Glick e Robert I. Killey, "Generation of optical OFDM signals using 21.4 GS/s real time digital signal processing," Optics Express, Vol. 17, No. 20, 2009 , pp.17658-17668.

[39] Gabor Feher, Eszter Udvary, Csaba Fuzy, Tamas Cseh e Tibor Berceli, "Pulsed Mode Red VCSEL for High Speed VLC Communication," ICTON, 2012, documento We.B4.3.

[40] Ming-Ming Mao, Chen Xu, Qiang Kan, Yi-Yang Xie, Meng Xun, Kun Xu, Jiu-Cheng Liu, Hai-Qiang Ren e Hong-Da Chen, "High Beam Quality of In-Phase Coherent Coupling 2-D VCSEL Arrays Based on Proton-Implantation," IEEE Photonics Technology Letters, Vol. 26, No. 4, 15 de fevereiro de 2014, pp.395-397.

[41] Larsson.A, "Advances in VCSELs for Communication and Sensing," IEEE journal of selected topics in quantum electronics, Vol.17, No.6, Dec. 2011, pp.1552-1567.

[42] P. P'erez, A. Valle, I. Noriega, e L. Pesquera, "Measurement of the Intrinsic Parameters of Single-Mode VCSELs," Journal Of Lightwave Technology, Vol. 32, No. 8, 15 de abril de 2014, pp.16011607.

[43] R. Rodes, J. Estaran, B. Li, M. Muller, J. B. Jensen, T. Gruendl, M. Ortsiefer, C. Neumeyr, J.Rosskopf, K. J. Larsen, M.-C. Amann e I. T. Monroy, "100 Gb/s single VCSEL data transmission link", em Proc. OFC, 2012, documento PDP5D.10.

[44] M. Malekane Rad, Z. Mazaheri, A. Gholami, Sh.Afyouni Akbari, "Transcetor de fibra ótica de 4,25 Gb/s para aplicações Gigabit Ethernet", 6 Simpósio Internacional de Telecomunicações, 2012, pp.520-524.

[45] Fumio Koyama e Tomoyuki Miyamoto, "Recent Advances of VCSEL Technologies," 2007 International Conference on Indium Phosphide and Related Materials, 2007, pp.420-425.

[46] Hamed Dalir, Akihiro Matsutani, Moustafa Ahmed, Ahmed Bakry e Fumio Koyama, "Modulação de alta frequência de VCSELs de cavidade acoplada transversal para aplicações de rádio sobre fibra", IEEE Photonics Technology letters, 2014, Vol.26, No.3, pp.281-284.

[47] N. Laurand, S. Calvez, M. D. Dawson, S. Bouchoule, J-C. Harmand, J. Decobert, "1.55-pm Tunable Doped-Fiber VerticalCavity Surface Emitting Laser," Lasers and Electro-Optics 2009 and the European Quantum Electronics Conference , 2009, pp.1

[48] Hubert   Halbritter, Cezary Sydlo, Benjamin K "ogel, Frank Riemenschneider,Hans Ludwig Hartnagel, e Peter Meissner, "Impact of Micromechanics on the Linewidth and Chirp Performance of MEMS-VCSELs," IEEE Journal Of Selected Topics In Quantum Electronics, Vol. 13, NO. 2, 2007, pp.367-373.

[49] Nikolaos Bamiedakis, Aeffendi Hashim, Richard V. Penty e Ian H. White, "A 40 Gb/s Optical Bus for Optical-Backplane Interconnections," Journal Of Lightwave Technology, Vol. 32, No. 8, 2014, pp.1526-1537.

[50] Wayne V. Sorin e Michael R. Tan, "Interoperability of SingleMode and Multimode Data Links for Data Center and Optical Backplane Applications," OFC/NFOEC Technical Digest, 2013, documento OW1B.6.

[51] Xiaoxue Zhao, Bo Zhang, Louis Christen, Devang Parekh, Fumio Koyama,Werner Hofmann, Markus C. Amann, Alan E. Willner e Connie J. Chang-Hasnain, "Data Inversion and Adjustable Chirp in 10-Gbps Diretly-Modulated Injection-Locked 1.55-pm VCSELs," OSA / CLEO/QELS 2008, paper CMW5.

[52] Kevin Schires, Antonio Hurtado, Ian D. Henning, e Michael J. Adams, "Polarization and Time-Resolved Dynamics of a 1550-nm VCSEL Subject to Orthogonally Polarized Optical Injection", IEEE Photonics Journal, Vol.3, No.3, 2011, pp.555-563.

[53] Kengo Koizumi, Masato Yoshida, e Masataka Nakazawa, "A 10GHz Optoelectronic Oscillator at 1.1 gm Using a Single-Mode VCSEL and a Photonic Crystal Fiber," IEEE Photonics Technology Letters, Vol.22, No.5, 2010, pp.293-295.

[54] Michael Liu, Mong-Kai Wu, Fei Tan, Rohan Bambery, Milton Feng, Nick Holonyak, "780 nm Oxide-Confined VCSEL With 13.5 Gb/s Error-Free Data Transmission," IEEE Photonics

Technology Letters, 2014, Vol.26, No.7,PP.702-705.

[55] Ioannis   Papakonstantinou, Spyridon Papadopoulos, Csaba Soos,Jan Troska, Francois Vasey e Paschalis Vichoudis, "Modal Dispersion Mitigation in Standard Single-Mode Fibers at 850 nm With Fiber Mode Filters," IEEE Photonics Technology Letters , Vol.22, No.20, 2010, pp.1476-1478.

[56] Ansas M. Kasten, Dominic F. Siriani, Mary K. Hibbs-Brenner, Klein L. Johnson, e Kent D. Choquette, "Beam Properties of Visible Proton-Implanted Photonic Crystal VCSELs," IEEE Journal Of Selected Topics in Quantum Electronics, Vol. 17, No.6, 2011, PP.1648-1655.

[57] Yi Rao, Weijian Yang, Christopher Chase, Michael C. Y. Huang, D. Philip Worland, Salman Khaleghi, Mohammad Reza Chitgarha, Morteza Ziyadi, Alan E. Willner, e Connie J. Chang-Hasnain, "Long-Wavelength VCSEL Using High-Contrast Grating," IEEE Journal Of Selected Topics In Quantum Electronics, Vol.9, No.4, 2013, paper 1701311.

[58] E. K. Rotich Kipnoo, H. Kourouma, D. Waswa, A. W. R. Leitch e T. B. Gibbon, "Analysis of VCSEL Transmission for the Square Kilometre Array (SKA) in South Africa," In Proceedings of the Southern Africa Telecommunication Networks and Applications Conference (SATNAC), George, África do Sul, 2012, pp.483-484.

[59] X. Cheng, Y.J. Wen, Z. Xu, X. Shao, Y. Wang, Y. Yeo, "10-Gb/s WDM-PON Transmission Using Uncooled, Diretly Modulated Free-Running 1.55-pm VCSELs," In proceedings of European Conference on Optical Communication, Brussels, Belgium, 2008, Paper P.6.02.

[60] E K Rotich Kipnoo, H Y S Kourouma, R R G Gamatham, A W R Leitch e T B Gibbon, "Chromatic Dispersion Compensation for VCSEL Transmission for Applications such as Square Kilometre Array South Africa," In Proceedings of the 58th annual SAIP conference, South Africa, 2013, paper 171.

[61] W. Hofmann, L. Gruner-Nielsen, E. Ronneberg, G. Bohm, M. Ortsiefer, e M.-C. Amann, "1.55-gm VCSEL Modulation Performance With Dispersion-Compensating Fibers," IEEE Photonics Technology Letters, Vol.21, No.15, 2009, pp.1072-1074.

[62] N. Nishiyama, C. Caneau, J. D. Downie, M. Sauer e C. E. Zah, "10-Gbps 1.3 and 1.55-pm InP-based VCSELs: 85 °C 10-km error- free transmission and room temperature 40-km transmission at 1.55-pm with EDC," In Proceedings of OFC, 2006, PDP23.

[63] B. Boffi, A. Boletti, A. Gatto, M. Martinelli, "Bloqueio de injeção VCSEL a VCSEL para transmissão não compensada de 40 km a 10 Gb/s," In Proceedings of Optical Fiber Communication Conference, San Diego, EUA, 2009, JThA32.

[64] Zhang, Dengke; Feng, Xue; Li, Xiangdong; Cui, Kaiyu; Liu, Fang; Huang e Yidong, "Filtro fotónico de micro-ondas sintonizável e reconfigurável com paragem de banda baseado em microespelhos integrados e interferómetro Mach-Zehnder," Journal Of Lightwave Technology, Vol.31, No. 23, 2013, pp.3668-3675.

[65] Hao Sun, Shen Yang, Jing Zhang, Qiangzhou Rong, Lei Liang, Qinfang Xu, Guanghua Xiang, Dingyi Feng, Yanying Du, Zhongyao Feng, Xueguang Qiao e Manli Hu, "Caraterísticas de deteção da temperatura e do índice de refração de uma estrutura de fibra multimodo de compensação de dispersão baseada em MZI", Optical Fiber Technology, Vol.18, No.6, 2012, pp.425-429.

[66] Aryanfar I, Kok-Sing Lim,Wu-Yi Chong, Harun, S. W, Ahmad H, "Add-Drop Filter Based on Microfiber Mach-Zehnder/Sagnac Interferometer," IEEE Journal Of Quantum Electronics, Vol. 48, No. 11, 2012, pp.1411-1414.

[67] Jiejun Zhang, Liang Gao e Jianping Yao, "Tunable Optoelectronic Oscillator Incorporating a Single Passband Microwave Photonic Filter," IEEE Photonics Technology Letters, Vol. 26, No.4, 2014, pp.326-329.

[68] Hongyan Fu, Zuowei Xu e Kun Zhu, "Medição remota da frequência de micro-ondas de banda larga com base num filtro fotónico de micro-ondas de banda passante única", IEEE Photonics Journal, Vol. 4, N.º 5, 2012, pp. 1401-1406.

[69] Haiyan Ou, Chenhui Ye, Kun Zhu, Ying Hu e Hongyan Fu, "Millimeter-Wave Harmonic Signal Generation and Distribution Using a Tunable Single-Resonance Microwave Photonic

Filter," Journal Of Lightwave Technology, Vol. 28, No. 16, 2010, pp.23372342.

[70] M. Bolea, J. Mora, B. Ortega, e J. Capmany, "Optical Arbitrary Waveform Generator Using Incoherent Microwave Photonic Filtering," IEEE Photonics Technology Letters, Vol. 23, No. 10, 2011, pp.618-620.

[71] M. Rius, M. Bolea, J. Mora e J. Capmany, "Analysis of Harmonic Distortion involved in Microwave Photonic Filters", International Topical Meeting on & Microwave Photonics Conference, 2011, pp.29-32.

[72] C. S. Wong e H. K. Tsang, "Improvement of Diretly Modulated Diode-Laser Pulses Using an Optical Delay Interferometer," IEEE Photonics Technology Letters, Vol. 16, No. 2, 2004, pp.632-634.

[73] Slobodnik A J, Fenstermacher T E, Kearns W J, Roberts G A, Silva J H e Noonan J P, "SAW Butterworth contiguous filters at UHF," IEEE Transactions on Sonics and Ultrasonics, Vol. SU-26, No.3, 1979, pp. 246-253.

[74] Slobodnik A J, Kearns W J e Noonan J P, "Design, fabrication and testing of SAW Butterworth filters," In: Simpósio Internacional de Micro-ondas do IEEE MITTs, Palo Alton, CA, 1975, pp.353-355.

[75] Pfennigbauer M e Winzer P J, "Choice of MUX/DEMUX filter characteristics for NRZ, RZ, and CSRZ DWDM systems," Journal of Lightwave Technology, Vol.24, No.4, 2006, pp.1689-1696.

[76] Christi K. Madsen e Jian H. Zhao, "Optical Filter Design and Analysis: A Signal Processing Approach," John Wiley & Sons, 1999.

[77] Chun-Kit Chan, Wei Jia e Zhixin Liu, "Advanced Modulation Format Generation using High-Speed Diretly Modulated Lasers for Optical Metro/Access Systems," Proc. of SPIE-OSA-IEEE, Nol. 8309, Xangai, 2011, pp.1-12.

[78] M.Venkata Sudhakar, Y.Mallikarjuna Reddy e B.Prabhakara Rao, "Influência da filtragem

ótica na capacidade de transmissão em comunicações de fibra monomodo", Frontiers of Optoelectronics, Vol.7, No.4, 2014, pp.1-7

[79] Rui Wu, Chin-Hui Chen, Tsung-Ching Huang, Kwang-Ting Cheng, Ray Beausoleil, "20 Gb/s Carrier-Injection Silicon Microring Modulator with SPICE-Compatible Dynamic Model," 2015 International conference on Photonics in Switching (PS), Florence, 2015, pp.31-33.

[80]　JohnG . proakis e Dimitris G. Manolakis, "Digital signal processing: principles, algorithms and applications", prentice-hall, 3ª edição, 1996.

I want morebooks!

Buy your books fast and straightforward online - at one of world's fastest growing online book stores! Environmentally sound due to Print-on-Demand technologies.

Buy your books online at
www.morebooks.shop

Compre os seus livros mais rápido e diretamente na internet, em uma das livrarias on-line com o maior crescimento no mundo! Produção que protege o meio ambiente através das tecnologias de impressão sob demanda.

Compre os seus livros on-line em
www.morebooks.shop

info@omniscriptum.com
www.omniscriptum.com

Printed by Books on Demand GmbH, Norderstedt / Germany